智观气象 | 人工智能技术与应用

Python雷达产品数据开发应用

孟蕾 罗焕娟 桑友伟 肖媚◎编著

气象出版社
China Meteorological Press

内 容 简 介

本书着重介绍在雷达基数据与产品数据处理过程中必备的工具和方法，为使用 Python 语言进行雷达产品数据开发的气象业务人员和科研人员提供极具价值的入门指引。全书共分为 4 章，包括天气雷达产品介绍、Python 环境配置、雷达数据处理工具库应用、雷达产品数据开发实例。其中，雷达数据处理工具库应用主要介绍处理雷达数据的 PyCINRAD、PyCWR 和 Py-ART 三大工具库的基础用法，雷达产品数据开发实例主要基于冰雹场景阐述雷达产品阈值定量提取和雷达回波图像自动识别算法。

本书不仅适用于气象业务领域中需要利用雷达数据进行日常工作的专业人员，也适合对气象雷达数据处理和 Python 开发感兴趣的高等院校师生。

图书在版编目（CIP）数据

Python 雷达产品数据开发应用 / 孟蕾等编著. 北京 : 气象出版社, 2025. 4. -- ISBN 978-7-5029-8464-9

Ⅰ. TN957.52

中国国家版本馆 CIP 数据核字第 2025NF9322 号

Python 雷达产品数据开发应用

Python Leida Chanpin Shuju Kaifa Yingyong

出版发行：气象出版社
地　　址：北京市海淀区中关村南大街 46 号　　**邮政编码**：100081
电　　话：010-68407112（总编室）　010-68408042（发行部）
网　　址：http://www.qxcbs.com　　**E-mail**：qxcbs@cma.gov.cn
责任编辑：隋珂珂　王鸿雁　　**终　　审**：张　斌
责任校对：张硕杰　　**责任技编**：赵相宁
封面设计：楠竹文化
印　　刷：北京建宏印刷有限公司
开　　本：787 mm × 1092 mm　1/16　　**印　　张**：7.75
字　　数：196 千字
版　　次：2025 年 4 月第 1 版　　**印　　次**：2025 年 4 月第 1 次印刷
定　　价：68.00 元

前 言

中国新一代多普勒天气雷达已业务运行二十余年，高时空分辨率的雷达资料经过二十多年的积累，早已储备丰富的资源，但我们对其开发却远远不够。主要原因在于雷达探测数据结构和数据质量控制算法复杂，短时间内难以掌握。得益于中国气象局推出的 ROSE 系统，相关开发团队研制出适用于中国气象雷达数据的 Python 语言工具库，雷达产品数据开发有了更快捷的方法，也有了更广阔的应用空间。

本书为广大使用 Python 语言进行雷达产品数据开发的气象业务人员和科研人员提供入门参考。本书特点是体量小、重实用、易上手。全书共分为 4 章，包括天气雷达产品介绍（第 1 章）、Python 环境配置（第 2 章）、雷达数据处理工具库应用（第 3 章）、雷达产品数据开发实例——基于冰雹场景的雷达产品数据开发（第 4 章）。其中，第 3 章主要介绍处理雷达数据的 PyCINRAD、PyCWR 和 Py-ART 三大工具库的基础用法，第 4 章主要阐述基于冰雹场景雷达产品阈值定量提取和雷达回波图像自动识别算法。由于算法是作者团队原创的方法，可能会存在一些错误和疏漏，真诚欢迎读者们批评指正。

本书除了引用已出版的书籍和文献资料，还引用了中国气象局气象探测中心 ROSE 系统、PyCINRAD、PyCWR 和 Py-ART 等开发团队提供的线上资料，在此对相关团队表达真诚的谢意。非常感谢中国气象局气象探测中心古庆同老师、PyCINRAD 开发作者之一李有朋老师、PyCWR 开发作者之一郑玉老师，在作者从事雷达产品数据开发过程中的悉心指导和无私帮助。

感谢中国气象局气象干部培训学院湖南分院教材出版项目给予支持。

除了封面署名外，参加本书编著工作的还有杨璐萍、刘达之等。书中可能存在错误和不足，欢迎读者们及时反馈，我们会认真改进。

作 者

2024 年 12 月

目　录

第1章　天气雷达产品介绍

1.1　新一代天气雷达基数据文件介绍

我国新一代天气雷达监测网包括不同厂家多种型号的多普勒天气雷达，雷达数据资料的存储和应用多以基数据为主。基数据是雷达获取的原始数据，包括回波强度、径向速度、速度谱宽等，以二进制形式保存成文件，即基数据文件。由于不同雷达厂家对基数据文件的存储格式有不同的定义，给雷达观测资料的科学研究和业务应用带来不便，且基数据的传输也以文件传输为主，传输时效性不高。为解决这些问题，2017 年中国气象局在全国范围内实施组网天气雷达数据流传输试验方案，通过新增雷达数据流传输软件，实现标准格式雷达基数据流的输出和上行传输。

2020 年 12 月 1 日，中国气象局正式完成天气雷达基数据标准格式业务切换，停止原有天气雷达基数据原格式数据文件传输和服务，天气雷达基数据标准格式也由重复存储转为单轨运行，将 3 个厂家 8 种型号 7 种天气雷达基数据格式进行统一，规范了文件的结构、命名、单位、要素种类和参数范围等信息，解决了物理参数信息不准确、存储数据异常等问题，兼容了双偏振雷达数据存储（中国气象局，2020）。数据传输方式由天气雷达体扫一圈结束后以文件方式通过 FTP 上传，调整为每扫描一个径向即以流的方式上传数据，实现最低仰角基数据 40 s 内到达国家级，全体扫基数据传输时效比原文件方式缩短约 100 s，有效提升天气雷达产品应用时效。新旧两种雷达基数据文件可通过文件名命名规则直接辨认，下面对此进行介绍。

1.1.1　旧格式天气雷达基数据文件名含义

旧格式新一代天气雷达基数据文件的命名方式为：

Z_RADR_I_Z □ _YYYYmmddHHMMSS_O_DOR_ _CAP.bin.bz2**

其中，□为雷达站号，雷达站号一般为“9”＋雷达所在地区区号后 3 位，如常德地区的区号是 0736，则雷达站号为 9736；YYYY 为年份，占 4 位，如 2016 年，写为“2016”；mm、dd 分别为月和日，各占 2 位，不足 2 位时前面补 0，如 2 月则写成“02”，3 日写成“03”；

HH、MM、SS 分别为时、分、秒，每个占 2 位，不足 2 位，前面补 0，日期时间为世界时。** 是雷达型号，如 SA、SB 等。如世界时 2019 年 6 月 13 日 4 时 39 分的常德 SB 型雷达基数据文件名称为：Z_RADR_I_Z9736_20190613043900_O_DOR_SB_CAP.bin.bz2。

雷达基数据文件一般为 bin 文件，但是由于 bin 文件过大，并且基数据文件每隔 6 min 生成 1 个，长时间序列雷达基数据文件所占的硬盘空间非常大，一般需要将其压缩成 bz2 格式，可大量节省储存空间。在众多处理旧格式天气雷达基数据文件的软件中，后缀为“.bin”的文件或“.bin.bz2”文件都可以直接作为输入文件。

1.1.2 标准格式天气雷达基数据文件名含义

新一代天气雷达标准格式基数据文件的命名方式为：

Z_RADR_I_Z□_YYYYmmddHHMMSS_O_DOR__CAP_FMT.BIN.bz2**

其中，“□_YYYYmmddHHMMSS”和“**”部分与旧格式天气雷达基数据文件名含义一致，其他部分多了 3 个字母“FMT”，且原“bin”改为“BIN”。如果雷达已经升级为双偏振雷达，则基数据文件名中，在雷达型号后面加 1 个字母“D”。如世界时 2021 年 5 月 19 日 01 时 23 分 09 秒标准格式的长沙 SA 型双偏振雷达基数据文件名：Z_RADR_I_Z9731_20210519012309_O_DOR_SAD_CAP_FMT.BIN.bz2。

1.2 天气雷达产品文件

1.2.1 天气雷达产品文件生成

1998 年，中国气象局（CMA）启动了中国新一代天气雷达（CINRAD）网的部署，并与美国成立合资公司，引进美国 WSR-88D 雷达技术（俞小鼎 等，2006），经过本地化改造，雷达硬件变成了 CINRAD/SA 型号雷达，软件是雷达台站业务使用多年的 RPG 和 PUP 软件，RPG 用于将雷达基数据文件转换为雷达产品文件，PUP 用于调取雷达产品可视化图像进行查看。到 2022 年，CINRAD 网已包括 236 部单偏振多普勒天气雷达，涵盖 C 波段和 S 波段雷达（中国气象局，2022）。2020 年开始实施双偏振雷达的业务运行。2023 年，由中国气象局气象探测中心自主研发的雷达业务软件 ROSE 2.0 版本正式业务化运行，2024 年 9 月，ROSE 3.0 版本发布。为进行区分，本书将原雷达台站业务软件称为 CINRAD-RPG 和 CINRAD-PUP，将 ROSE 系统称为 ROSE-RPG 和 ROSE-PUP。

本书所用雷达产品数据来自 ROSE 2.1 版本，故以 ROSE 2.1 版本作为样例介绍雷达产品文件生成过程。ROSE 系统支持所有型号的雷达产品生成，兼容旧数据格式和标准格式的基数据文件，且相比于 CINRAD-RPG、ROSE-RPG，ROSE 系统方便批量生成雷达产品。下面介绍使用 ROSE 系统将雷达基数据文件转换为雷达产品文件的操作过程。

1.2.1.1　RPG 设置

①安装 ROSE-RPG 软件。本书使用的电脑为 Windows10 系统，故安装 Windows 版本的 ROSE-RPG 软件。软件的默认安装位置为 D 盘，安装完成后，D 盘出现“D:\rpg”文件夹，电脑桌面出现软件快捷方式：“rpgcw”图标。

②双击“rpgcw”图标，打开 ROSE-RPG 软件。

③在 ROSE RPGCW 界面点击左侧【单元控制】中的【连接设置】。

④在弹出的【连接管理】界面中选中【基数据输入】选项页，修改【站点代码】为“*”，将【路径】修改为“D:\rpg\input”，点击【保存】(图 1.1)。

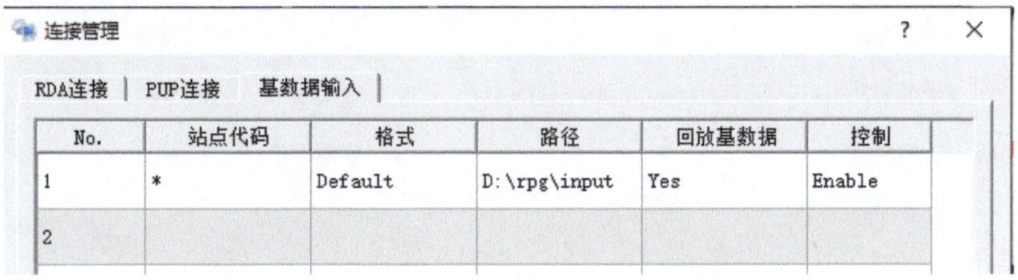

图 1.1　RPG 软件【连接管理】界面中【基数据输入】

值得注意的是，如果 RPG 和 PUP 软件是安装在同一台电脑上，则只修改路径即可。如果 RPG 和 PUP 软件是安装在不同电脑上，则需要在上述方法上增加一个步骤：在【连接管理】界面中选中【PUP 连接】选项页，修改【IP 地址】为安装 PUP 软件的电脑 IP 地址，点击【保存】(图 1.2)。

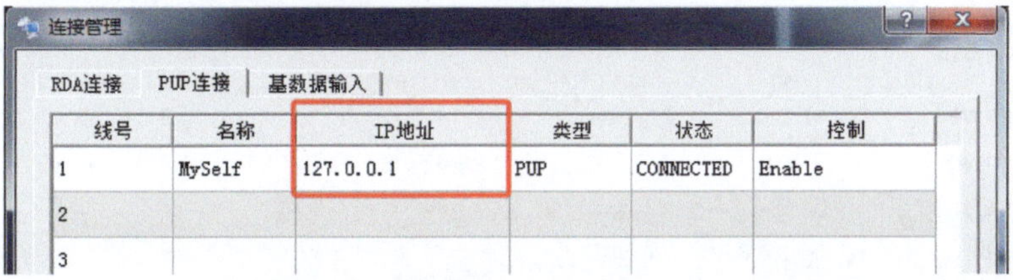

图 1.2　RPG 软件【连接管理】界面中【PUP 连接】

1.2.1.2　PUP 设置

①安装 ROSE-PUP 软件。本书使用的电脑为 windows10 系统，故安装 windows 版本的 ROSE-PUP 软件。软件的默认安装位置为 D 盘，安装完成后，D 盘出现“D:\pup”文件夹，电脑桌面出现软件快捷方式：“pup”图标。

②打开 PUP 软件，可在【雷达状态】界面出现“PUP 连接 RPG 成功”。

③此时 RPG 界面也显示 PUP 连接上。

④在 PUP 界面上方的菜单栏中选择【设置】中的【通用设置】(图 1.3)。

⑤在【通用设置】中，在【天气雷达类型】修改雷达型号，如果是双偏振雷达，则雷达型号后面加“D”，比如 SA 型双偏振雷达为“SAD”，将【产品浏览目录】修改为存放雷达产品的文件夹，【产品保存数量】设置为最大的天数“7”。

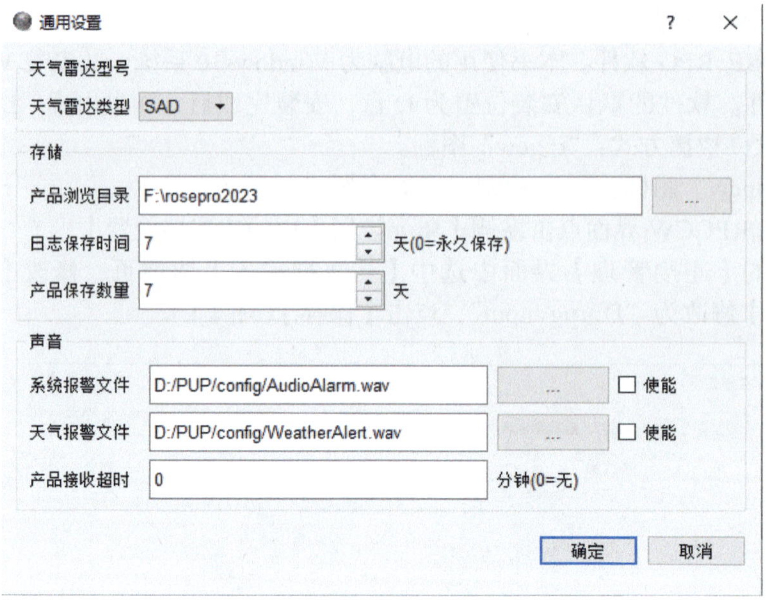

图 1.3　PUP 软件【通用设置】界面

⑥回到 PUP 界面，点击上方菜单【存档】中的【存档设置】(图 1.4)。

⑦在【存档设置】界面,【设备名称】选择【default】,【是否启用】选择【是】,【类型】选择【Local】,【存档路径设置】选择产品文件存档的文件夹，注意和第⑤步通用设置中的【产品浏览目录】不要设置为同一个路径。【保留】设置为 30 天。点击【保存】。

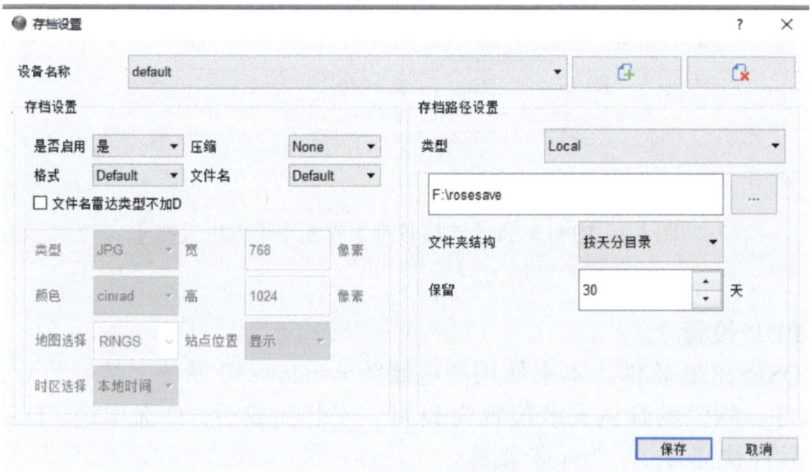

图 1.4　PUP 软件【存档设置】界面

⑧点击【保存】后会弹出对话框。此对话框是提示要在 PUP 界面菜单【例行产品请求】中进行设置。点击【确定】。

⑨在 PUP 主界面点击【例行请求】，弹出【例行产品请求】界面（图 1.5）。

⑩右键选择【例行产品请求】中的一条数据，在菜单中点击【选择存档设备】。

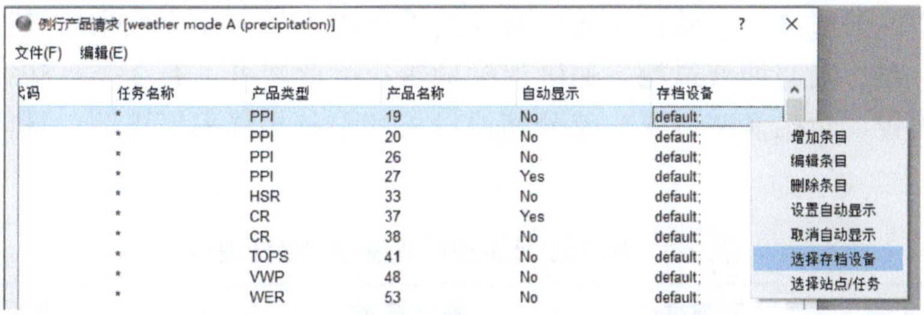

图 1.5　PUP 软件【例行产品请求】界面

⑪ 在【存档设备】界面选择【default】，要跟存档设置中的设备一致。

⑫ 对于双偏振雷达，要生成双偏振产品时，如果条目中不含双偏振产品，可以选中其中一条后，右键点击【增加条目】，在【添加产品】界面【产品名称】选择对应的双偏振产品 158、160、161、162。点击【确定】（图 1.6）。

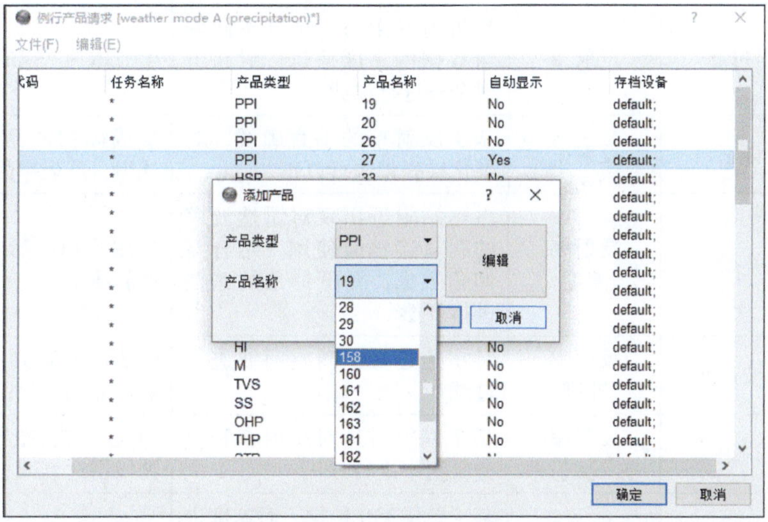

图 1.6　PUP 软件【例行产品请求】界面中【添加产品】

⑬ 回到【例行产品请求】界面，点击【确定】，弹出【保存配置】对话框，点击【确定】。

1.2.1.3　产品文件生成

①将需要处理的基数据文件全部放在“D:\rpg\input”路径下让 RPG 自动生成产品。

②过一段时间请检查“D:\rpg\input”路径下是否已空，PUP 软件中【雷达状态】是否不再更新，如果“D:\rpg\input”路径下已没有基数据文件，PUP 软件中【雷达状态】也不再更新，则说明基数据文件已经全部转化完成，可在产品存档目录中查看。

1.2.1.4　数据质量控制技术说明

ROSE 系统在生成雷达产品文件的过程中默认使用数据质量控制算法。有 7 类算法用于反射率数据质量控制，包括点杂波过滤、干扰过滤、地物杂波过滤、超折射过滤、亮带订正、遮挡补偿、晴空回波过滤、衰减订正等；有 4 类算法用于径向速度数据质量控制，包括点杂波过滤、遮挡补偿、晴空回波过滤、速度退模糊等；除此之外，有 3 类算法针对双偏振雷达基数据的偏振参量，包括衰减订正、差分相位订正和差分相移率订正等。具体算法描述和应用建议见表 1.1。

表 1.1　ROSE 2.1 数据质量控制算法说明

序号	算法名称	基数据	算法描述	应用建议
1	点杂波过滤	反射率 速度	过滤孤立的点杂波数据	在生成雷达产品过程中均适用
2	干扰过滤	反射率	使用过滤典型的射线状电磁干扰回波	雷达台站出现射线状干扰线时应用
3	地物杂波过滤	反射率	雷达残余杂波严重时，结合不同仰角数据的高度信息，对地物杂波进行过滤	生成体扫产品时有效
4	超折射过滤	反射率	超折射发生时，结合不同仰角数据的高度信息，对超折射杂波进行过滤	生成体扫产品时有效
5	亮带订正	反射率	基于反射率的垂直廓线，对融化层亮带进行订正	生成体扫产品，如等高面 PPI 或组合反射率因子等时使用
6	遮挡补偿	反射率 速度	雷达站附近出现对雷达波束的明显遮挡时使用，结合高仰角数据，对低仰角的遮挡进行补偿	生成体扫产品时，可改善体扫产品质量
7	晴空回波过滤	反射率 速度	对雷达近处的晴空回波进行过滤	生成降水系列产品时应用，一般产品仍然保留晴空回波
8	衰减订正	反射率 差分反射率	基于偏振雷达对反射率和差分反射率进行订正	短波长雷达产品生成时应用，S 波段雷达衰减相对较小
9	速度退模糊	速度	基于单层 PPI 数据，对速度进行退模糊处理	生成相关产品时应用
10	差分相位订正	差分相位	对差分相位数据进行初始相位订正和退折叠处理	生成差分相位 PPI 产品时应用
11	差分相移率订正	差分相移率	采用线性规划方法计算差分相移率	生成差分相移率的 PPI 产品以及偏振相态识别产品和降水估计产品时应用

注：表格来自 ROSE 2.1 软件安装包说明文档附件《附件 5. ROSE 2.1 数据质量控制算法及使用说明》，略有修改。

1.2.2　天气雷达产品介绍

多普勒天气雷达将探测到的回波信号，处理生成反映大气特征的数据，称为基数据。以基数据为依据，针对应用需要经过加工生成的应用数据和图像称为产品。雷达产品分为基本数据产品、导出产品和其他产品（全国气象基本信息标准化技术委员会，2022）。基本数据产品是由基数据直接生成的产品，导出产品是对基数据进行气象算法处理后生成的产品（俞小鼎 等，2006）。以 CINRAD-SA 雷达为例，单偏振雷达的基本数据产品主要包括反射率因子、平均径向速度和谱宽等；导出产品主要包括物理量产品（回波顶高、强天气分析、弱回波区等），降雨量有关产品（垂直累积液体含水量、一小时降雨量等），强天气识别产品（冰雹指数、风暴跟踪信息等），风场产品（速度方位显示廓线等）4 类（胡明宝，2016）。

由于双偏振雷达能够收发水平线偏振波和垂直线偏振波，因此双偏振雷达的基本数据产品既包括单偏振雷达基本数据产品，还包括垂直偏振反射率因子，差分反射率因子，双程差分传播相位常数、相关系数、线性退偏振比等产品。其导出产品包括粒子相态识别，融化层高度，双偏振定量降水估计等。常见天气雷达产品详见表 1.2。

表 1.2　常用天气雷达产品清单

产品名称	产品标示符	产品标示号	简述
Plan Position Indicator 平面位置显示 PPI	PPI	19，20	基本反射率因子 R（水平反射率因子 Z）：描绘一个完整的 360° 方位扫描的回波强度数据。常用 19 号产品
		26，27	基本速度 V：表示整个 360° 方位扫描的径向速度数据。常用 27 号产品
Plan Position Indicator 平面位置显示 PPI （双偏振参量）	PPI	158	差分反射率因子 Z_{DR}（ZDR）：水平偏振的反射率因子和垂直偏振的反射率因子之比
		160	相关系数 CC：反映了水平与垂直偏振两路回波信号变化的相似度。在只有一种水凝物类型中的相关系数值要比多种水凝物中的高
		162	差分相移率 K_{DP}（KDP）：水平偏振回波和垂直偏振回波的相位差称为双程差分传播相位变量，单位距离的双程差分传播相位变量为双程差分相移率
Composite Reflectivity 组合反射率	CR	37，38	在一个体积扫描中，将常定仰角方位扫描中发现的最大反射率因子投影到笛卡尔格点上的产品。常用 37 号产品
Const Altitude PPI 等高面显示	CAPPI	110	利用体扫所获取的数据，按照指定高度，应用测高公式，选取临近该高度平面上的上下两个仰角相应雷达测距上的数据，然后用内插方法得到该高度上的值
Echo Tops 回波顶高	ET(TOPS)	41	在≥18 dBZ(阈值可调)反射率因子被探测到时，显示以最高仰角为基础的回波顶高度，其高度以平均海平面为参考
Storm Relative Mean Radial Velocity Map 风暴相对径向速度	SRM	56	与基本速度产品类似，但减去了由风暴跟踪信息（STI）识别的所有风暴的平均运动速度，或减去了由操作员选定的风暴运动速度

续表

产品名称	产品标示符	产品标示号	简述
Weak Echo Region 弱回波区	WER	53	小区域内多个仰角基本反射率因子的垂直分层显示
Vertical Integrated Liquid Water 垂直累计液态水含量	VIL	57	表示将反射率因子数据转换成等价的液态水值，并假定反射率因子是完全由液态水反射得到的
One Hour Precipitation 1 h 累积降雨量	OHP	78	利用雨强 R 与雷达反射率因子 Z 之间的关系式：$Z=AR^b$（A、b 为系数），将每次体扫后的反射率因子基数据 Z 计算出相应的雨强分布 R，然后对 1 h 或 3 h 内所有体扫观测得到的雨强按 $P=1/2\times(R_i+R_{i+1})\times\Delta t_i$（$\Delta t$ 为时间段）进行累加，得到 1 h 或 3 h 累积降雨量
Three Hours Precipitation 3 h 累积降雨量	THP	79	
Velocity Azimuth Display(VAD) Wind Profile 速度方位显示风廓线	VWP	48	应用速度方位显示技术，得到某距离圈所对应高度的水平风速风向，最多可显示 11 个体扫时刻的垂直风廓线
Storm Track Information 风暴追踪信息	STI	58	提供风暴单体路径和风暴单体结构的属性信息
Hail Index 冰雹指数	HI	59	对每个被识别的风暴单体，提供风暴单体结构是否有利于形成冰雹的指示
Mesocyclone 中尺度气旋	M	60	按照中尺度气旋的雷达速度图定义，通过对多普勒速度 PPI 资料的方位向切变段识别，得到中尺度气旋识别产品
Tornado Vortex Signature 龙卷涡旋特征	TVS	61	以中尺度气旋识别产品为基础，对每一个识别出的中尺度气旋以及外围 5% 的探测水平范围内，每个二维特征量的最大正负速度计算切变值，假如切变值大于给定阈值（默认为 133.2 km/h），则认为该中尺度气旋有发展为龙卷的可能，对此进行 TVS 标记
Melting Layer 融化层	ML	166	基于双偏振特征量（相关系数 CC 和差分反射率因子 Z_{DR}）得到的二次产品。可实时提供各个仰角、不同方位的融化层高度信息
Hydro Class 水凝物粒子相态分类	HCL	164	采用基于模糊逻辑的水凝物分类算法，输入 Z、Z_{DR}、V、CC、ϕ_{DP}、K_{DP} 6 种双偏振参量，输出非气象目标物和气象目标物的识别结果
Quantitative Precipitation Estimation 双偏振定量降水估测	QPE	169：双偏振 1 h 累积降雨量 170：双偏振 3 h 累积降雨量	基于水凝物粒子相态分类结果，针对不同类型的水凝物，采用不同的参量－雨强计算公式来估测降水。包括基本反射率因子 R 与雨强关系公式，水平偏振反射率因子 Z 和差分反射率因子 Z_{DR} 与雨强的关系公式，K_{DP} 与雨强关系公式等

1.2.3　雷达产品文件名含义

CINRAD-RPG 生成的雷达产品文件命名规则为：

YYYYmmdd.HHMMSS.EE.NN.RAD

其中，RAD 为雷达站号后 3 位或 2 位，如常德雷达站号为 9736，RAD 为 736，如果是北京雷达，RAD 为 10；YYYY 为年份，占 4 位，如 2020 年，写为“2020”；mm、dd 分别为月和日，各占 2 位，不足 2 位时前面补 0；HH、MM、SS 分别为时、分、秒，每个占 2 位，不足 2 位，前面补 0，日期时间为世界时。EE 为仰角由低到高的顺序编号，如雷达体扫模式 VCP21 包含 9 个仰角：0.5°、1.5°、2.4°、3.4°、4.3°、6.0°、9.9°、14.6°、19.5°，其 EE 编号分别为 01、02、03、04、05、06、07、08、09；NN 表示产品标示号，如基本反射率因子 19 号产品，即为“19”。例如：世界时 2020 年 6 月 1 日 13 时 05 分常德雷达仰角 1.5° 的 19 号产品文件名称为：20200601.130500.02.19.736。

ROSE-RPG 生成的雷达产品文件命名规则为：

Z □ _ YYYYmmddHHMMSSZ__EE_NN**

其中，□为雷达站号，** 为雷达产品名称，“YYYYmmddHHMMSS”“EE”和“NN”与 CINRAD-RPG 生成的雷达产品文件含义一致。例如：世界时 2021 年 5 月 11 日 00 时 00 分 00 秒的郴州雷达仰角 0.5°PPI 产品 19 号文件名称为 Z9735_20210511000000Z_PPI_01_19。

第 2 章　Python 环境配置

本书的学习需要安装开发工具 Anaconda，创建虚拟环境，安装开发工具 Spyder，下载安装处理雷达产品数据所需的 PyCINRAD、PyCWR、Py-ART、Matplotlib、Numpy、SciPy 等工具库。

2.1　安装 Anaconda 开发工具

① 打开 Anaconda 官网网址：https://www.anaconda.com/download。

② 在【Provide email to download Distribution】中输入自己的电子邮件地址，点击【Submit】。

③ 页面跳转到【Download Now】页面，在【Anaconda Installers】选择适合计算机操作系统的版本进行下载。

④ 如果操作系统安装了某些电脑防护软件，正式安装之前需要先退出防护软件再安装，否则有可能会出现安装不完整的情况。

⑤ 开始进行安装后，按照指引步骤进行操作。

⑥ 在安装路径中尽量保持默认路径，如果做出安装路径的变动，后续会需要多一些设置。这里需要注意 Anaconda 对磁盘空间的要求以及磁盘的可用空间。

⑦ 在勾选选项时，勾选官方推荐的选项。

⑧ 当显示【Completed】，则表示已经安装完成，点击【Next】。

⑨ 当显示【建议安装 Pycharm】界面时，不要点击蓝色链接，只需继续点击【Next】。

⑩ 出现安装完成界面时，取消勾选两个复选框，点击【Finish】，Anaconda 安装完毕。

⑪ 回到计算机桌面，右键单击【计算机】或【此电脑】图标，点击【属性】。

⑫ 在弹出的【控制面板 > 系统和安全 > 系统】界面中选择【高级系统设置】。

⑬ 弹出的【系统属性】界面【高级】栏目中，点击【环境变量】。

⑭ 在【环境变量】界面单击【系统变量】栏目下的【Path】，然后单击【编辑】。

⑮ 进入到【编辑环境变量】界面，双击现有路径最下方空白条，输入 C:\ProgramData\Anaconda3”“C:\ProgramData\Anaconda3\Library\mingw-w64\bin”“C:\ProgramData\Anaconda3\Library\usr\bin”“C:\ProgramData\Anaconda3\Library\bin”“C:\ProgramData\Anaconda3\Scripts”5 个路径，最后点击【确定】。

⑯ 回到【环境变量】界面，点击【确定】。

⑰ 回到【系统属性】界面，点击【确定】。

⑱ 检验 Anaconda 是否正确安装完成。键盘上同时按下【Win】键和【R】键，在弹出的【运行】对话框中输入【cmd】，点击【确定】。

⑲ 在【cmd】窗口输入【conda --version】，显示【conda + 版本号】，则表示安装成功。

2.2　创建虚拟环境

①以管理员身份运行“Anaconda Powershell Prompt（Anaconda3）”，创建新的虚拟环境 myradar：

```
>>> conda create –n myradar
```

②在“Proceed（[y]/n）?”光标处输入“y”，按回车键，等待虚拟环境安装完毕。

③在光标处输入“conda env list”，按回车键，等待命令运行完毕，可以看到新的虚拟环境 myradar 已创建。

2.3　安装 Spyder 开发工具

采用 Python 语言构建算法脚本的平台有很多，本书推荐 Spyder 作为 Python 编程工具。这是因为雷达基数据文件和雷达产品文件有时就像个黑匣子，对于新手而言，常常不清楚文件究竟是什么结构。Spyder 有一个很大的优点：它支持随时查看中间变量，方便新手先摸清变量的实际结构，再继续下一步操作（图 2.1）。

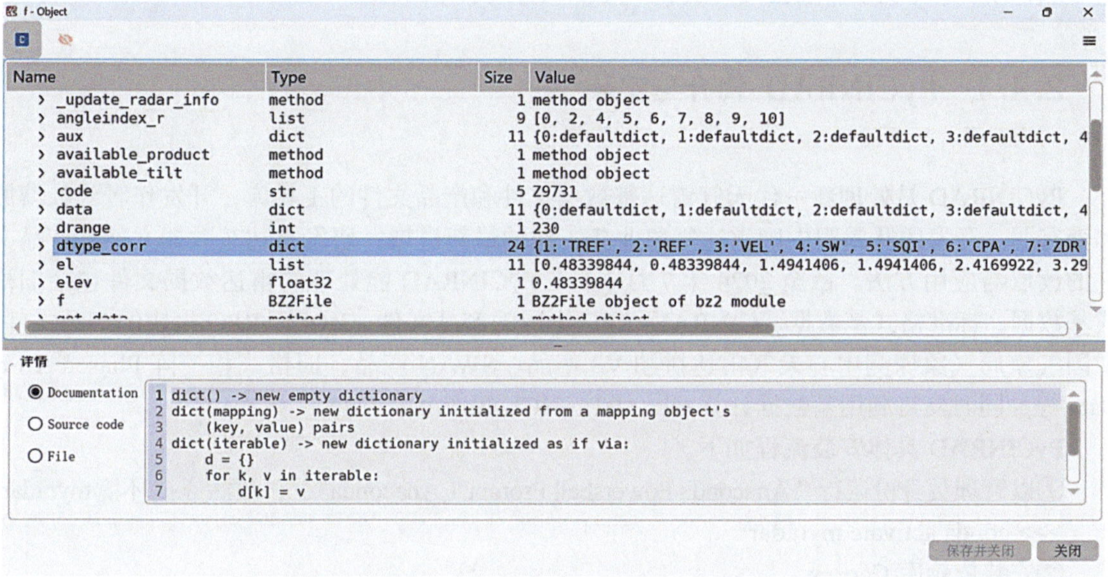

图 2.1　Spyder 开发工具中变量查看界面

下面介绍 Spyder 开发工具的安装方法。

①以管理员身份运行“Anaconda Powershell Prompt（Anaconda3）”，激活新创建的虚拟环境 myradar：

>>> conda activate myradar

②在虚拟环境中安装 Spyder 开发工具：

>>> conda install spyder

③在“Proceed（[y]/n）?”光标处输入“y”后，按回车键，等待界面显示“done”，则表示 Spyder 安装完毕。

④此时可看到电脑桌面【开始】界面中“Anaconda3”文件夹下多了一项“Spyder (myradar)”。

⑤双击打开“Spyder (myradar)”，即可开始编写代码。

2.4 雷达数据处理工具库安装

本书中与雷达数据处理直接相关的工具库包括 PyCINRAD、PyCWR、Py-ART。这三者的依赖库或常同时使用的工具库包括 Numpy、Os、Math、Time、Matplotlib、Scipy、Pandas、Cinrad、Glob、Datetime、Sklearn、Request、Cnmaps、Joblib 等。其中 Os、Math、Time 库是 Python 标准库，不需要额外安装，其他的工具库需要手动安装。如果出现工具库彼此间有冲突，则应安装在不同的虚拟环境中。

PyCINRAD 和 PyCWR 同为处理中国天气雷达数据文件的工具库，因其依赖的环境不同，需安装于不同的虚拟环境。Py-ART 是处理美国主流雷达数据文件的工具库，但 PyCINRAD 和 PyCWR 均有支持部分中国天气雷达数据转换为可应用 Py-ART 的相关模块。因此安装 Py-ART 的虚拟环境中一般会同时安装 PyCINRAD 或 PyCWR。

2.4.1 PyCINRAD 简介与安装

PyCINRAD 是处理新一代天气雷达基数据文件和产品文件的工具库，开发作者为杜溥原和李有朋。开发团队紧跟中国雷达气象业务工作的最新进展，研发雷达基数据文件和产品文件的读取与应用方法。截至 2024 年 7 月 1 日，PyCINRAD 能处理的雷达数据文件包括旧格式基数据、标准格式基数据、CINRAD-RPG 生成的产品文件、ROSE-RPG 生成的产品文件、中国气象局气象探测中心天气雷达拼图 V3 产品、SWAN 产品、旧格式相控阵 Phased Array Data 等，同时支持利用基数据计算 CR、ET、HCL 等产品。

PyCINRAD 具体安装流程如下。

①以管理员身份运行“Anaconda Powershell Prompt（Anaconda3）”，激活虚拟环境 myradar：

>>> conda activate myradar

②安装依赖库 Cartopy：

>>> conda install -c conda-forge cartopy

③在“Proceed（[y]/n）?”光标处输入“y”后，按回车键，等待命令执行完毕。

④安装 PyCINRAD：

>>> pip install cinrad

⑤如果直接下载安装速度太慢，或者无法正常安装，建议采用清华镜像来安装，本书中所安装的 PyCINRAD 版本为 1.9.0：

>>> pip install cinrad==1.9.0 -i https://pypi.tuna.tsinghua.edu.cn/simple

2.4.2 PyCWR 简介与安装

PyCWR 支持处理大多数中国气象业务中的天气雷达基数据格式，包含 WSR98D、CINRAD/SA/SB/CB、CINRAD/CC/CCJ、CINRAD/SC/CD 和相控阵等雷达基数据格式，并提供数据质量控制、水凝物分类等算法和图形用户界面工具。但是，PyCWR 只支持天气雷达基数据文件的读取，不支持雷达产品的读取。开发作者为郑玉、李南、魏鸣、楚志刚。

本教程中所安装的 PyCWR 版本为 0.4.0。具体安装流程如下。

①以管理员身份运行“Anaconda Powershell Prompt（Anaconda3）”，创建新的虚拟环境，并安装依赖库 Cartopy：

>>> conda create -n cwr cartopy -c conda-forge --yes

②激活新创建的虚拟环境 cwr：

>>> conda activate cwr

③安装 Spyder 开发工具：

>>> conda install spyder

注意：如果采用“conda install spyder”安装，则会在电脑【开始】界面的“Anaconda”文件夹下看到“Spydr(cwr)”选项。如果采用“pip install spyder”安装，则不会有该选项，可以直接在 CWR 虚拟环境下输入“spyder”进入开发工具。

④安装 PyCWR 0.4.0 版本：

>>> pip install pycwr==0.4.0

⑤如果直接下载安装速度太慢，甚至无法正常安装，建议采用清华镜像来安装，速度较快：

>>> pip install pycwr==0.4.0 -i https://pypi.tuna.tsinghua.edu.cn/simple

⑥安装 PyCWR 0.4.0 版本时，默认会安装最新的依赖包，如 Numpy 2.0.0，但 Numpy 2.0.0 与其他依赖包的版本冲突，建议使用“conda list”，确认现有 Numpy 版本，如果 Numpy 版本≥2.0.0，则进入 CWR 虚拟环境中对 Numpy 进行重装：

>>> conda activate cwr

>>> pip install numpy<2.0.0 -i https://pypi.tuna.tsinghua.edu.cn/simple

2.4.3 Py-ART 简介与安装

Py-ART 由美国能源部大气辐射测量计划（Atmospheric Radiation Measurement，ARM）

气候研究人员 Jonathan J. Helmus 和 Scott M. Collis 研发，用于检查、处理和分析多种类型天气雷达数据。Py-ART 可读取美国 Sigmet/IRIS、MDV、CF/Radial、UF 和 NEXRAD Level Ⅱ 等天气雷达基数据文件，同时可将雷达数据写入符合 CF/Radial 约定的 NetCDF 文件（Helmus et al., 2016）。Py-ART 对雷达基数据的处理包括生成 PPI 图像和 RHI 图像、生成雷达数据地图图像、对雷达基数据进行校正（包括反射率衰减校正、速度去模糊校正等）。

Py-ART 不能直接读取中国主流天气雷达基数据文件，但 PyCINRAD 或 PyCWR 均有相关模块，支持将中国主流天气雷达基数据文件转换成可由 Py-ART 读取的文件。如有需要，可按下列方法进行安装。

①以管理员身份运行“Anaconda Powershell Prompt（Anaconda3）”，创建新的虚拟环境 mypyart：

```
>>> conda create -n mypyart -c conda-forge --yes
```

②激活新创建的虚拟环境 mypyart：

```
>>> conda activate mypyart
```

③安装 Spyder 开发工具：

```
>>> conda install spyder
```

④安装 Py-ART 库 1.18.6 版本：

```
>>> pip install arm_pyart==1.18.6
```

⑤如果直接下载安装速度太慢或无法正常安装，建议采用清华镜像来安装，速度较快：

```
>>> pip install arm_pyart==1.18.6 -i https://pypi.tuna.tsinghua.edu.cn/simple
```

⑥安装 PyCINRAD：

```
>>> pip install cinrad==1.9.0 -i https://pypi.tuna.tsinghua.edu.cn/simple
```

2.4.4 其他工具库的检查和安装

安装 PyCINRAD 或 PyCWR 完成后，需要检查已安装了的工具库，并继续安装其他所需工具库。

①以管理员身份运行“Anaconda Powershell Prompt（Anaconda3）”，在光标处输入“conda activate myradar”，或“conda activate cwr”，或“conda activate mypyart”，激活虚拟环境。

②在光标处输入“conda list”，检查已安装的扩展库。这时可以发现众多所需要的工具库，如 Pandas、Numpy 等，已经安装完成了。

③对其他未安装的库进行安装，建议采用清华镜像安装，输入“pip install 库名 -i https://pypi.tuna.tsinghua.edu.cn/simple”，即可安装完成。

第 3 章　雷达数据处理工具库应用

3.1　PyCINRAD 应用

本节主要举例说明 PyCINRAD 应用于旧格式雷达基数据文件、标准格式雷达基数据文件、CINRAD-RPG 生成的产品文件和 ROSE-RPG 生成的产品文件的方法。其中，PyCINRAD 能处理的雷达产品文件包括但不限于 R、V、CR、WER、HCL、STI、ZDR、CC、KDP、CAPPI、VIL、M、TVS、VWP、OHP、THP 等。可根据实际需求参考 PyCINRAD 应用指南 https://github.com/CyanideCN/PyCINRAD.git。

3.1.1　雷达基数据文件读取与绘图

3.1.1.1　旧格式雷达基数据文件读取

① 从 PyCINRAD 导入 CinradReader 函数，读取世界时 2017 年 7 月 31 日 00 时 46 分 00 秒的常德雷达基数据文件，可以是 bin 文件，也可以是 bz2 文件。

```
>>> from cinrad.io import CinradReader
>>> f=CinradReader("E:/radarfiles/
…   Z_RADR_I_Z9736_20170731004600_O_DOR_SB_CAP.bin.bz2")
```

② 获得雷达站站名、经度、纬度和海拔高度等基本信息，分别赋给 radname、rad_lon、rad_lat 和 rad_height 变量并打印。

```
>>> radname=f.name
>>> rad_lon=f.stationlon
>>> rad_lat=f.stationlat
>>> rad_height=f.radarheight
>>> print(rad_lon,rad_lat,rad_height)
[111.707  29.181  579.0]
```

③ 获取基数据文件主要变量并显示。

```
>>> products=f.available_product(0)
>>> print(products)
['REF', 'VEL', 'SW', 'azimuth', 'RF']
```

④ 获取基数据文件中雷达扫描的仰角信息并显示。

```
>>> elevation_angles=f.get_elevation_angles(0)
>>> print(elevation_angles)
[ 0.57128906  0.52734375  1.36230469  1.49414062  2.28515625  3.20800781
  4.26269531  6.02050781  9.88769531 14.45800781 19.3359375 ]
```

⑤ 获取基数据文件中从下往上第 4 个仰角产品中雷达径向距离 110 km 范围内的基本反射率因子。显示的信息包括坐标信息：352 个方位角数据（azimuth），单位是弧度；110 个雷达径向距离数据（distance），单位是 km。雷达产品信息：基本反射率（REF）、经度（longitude）、纬度（latitude）、高度（height）。雷达设备信息：雷达扫描时间、雷达站号、雷达站名、雷达站点经纬度、扫描模式等。

```
>>> data=f.get_data(3,110,"REF")
>>> print(data)
<xarray.Dataset>
Dimensions:    (azimuth: 352, distance: 110)
Coordinates:
  * azimuth    (azimuth) float64 2.833 2.851 2.868 2.885 ... 2.805 2.823 2.84
  * distance   (distance) float64 1.0 2.0 3.0 4.0 ... 107.0 108.0 109.0 110.0
Data variables:
    REF        (azimuth, distance) float64 nan nan nan nan ... nan nan nan nan
    longitude  (azimuth, distance) float64 111.7 111.7 111.7 ... 112.0 112.0
    latitude   (azimuth, distance) float64 29.17 29.16 29.16 ... 28.24 28.23
    height     (azimuth, distance) float64 0.6051 0.6314 0.6578 ... 4.12 4.159
Attributes:
    elevation:          1.494140625
    range:              110
    scan_time:          2017-07-31 00:46:02
    site_code:          Z9736
    site_name:          常德
    site_longitude:     111.707
    site_latitude:      29.181
    tangential_reso:    1.0
    nyquist_vel:        27.12
    task:               VCP21
```

3.1.1.2　标准格式雷达基数据文件读取与绘图

① 从 PyCINRAD 导入 StandardData 函数，读取世界时 2021 年 5 月 19 日 01 时 23 分 09 秒标准格式的长沙双偏振雷达基数据文件。

```
>>> from cinrad.io import StandardData
>>> f=StandardData("D:/Z_RADR_I_Z9731_20210519012309_
…                     O_DOR_SAD_CAP_FMT.BIN.bz2")
```

② 获取基数据文件主要变量。

```
>>> products=f.available_product(0)
>>> print(products)
['TREF', 'REF', 'SQI', 'ZDR', 'RHO', 'PHI', 'KDP', 'SNRH']
```

③ 读取基数据文件中从下往上第 3 个仰角产品中雷达径向距离 230 km 范围内的差分反射率因子 Z_{DR}。

```
>>> data=f.get_data(2,230,"ZDR")
```

④ 提取 Z_{DR} 产品数据信息。

```
>>> zdr=data.ZDR
>>> print(zdr)
<xarray.DataArray 'ZDR' (azimuth: 366, distance: 920)>
array([[nan, nan, nan, ..., nan, nan, nan],
       [nan, nan, nan, ..., nan, nan, nan],
       [nan, nan, nan, ..., nan, nan, nan],
       ...,
       [nan, nan, nan, ..., nan, nan, nan],
       [nan, nan, nan, ..., nan, nan, nan],
       [nan, nan, nan, ..., nan, nan, nan]])
Coordinates:
  * azimuth   (azimuth) float32 3.903 3.921 3.937 3.955 ... 3.871 3.889 3.906
  * distance  (distance) float64 0.25 0.5 0.75 1.0 ... 229.2 229.5 229.8 230.0
```

⑤ 从 PyCINRAD 中导入可视化函数 PPI，根据 Z_{DR} 产品数据进行绘图并保存，注意此处 PPI 函数中第一个参数是 ④ 中的 data 变量（图 3.1）。

```
>>> from cinrad.visualize import PPI
>>> fig=PPI(data,dpi=300,add_city_names=True)
```

⑥ 将图像保存至 D 盘下，并命名为“图 3.1.jpg”。

```
>>> fig("D:\\ 图 3.1.jpg")
```

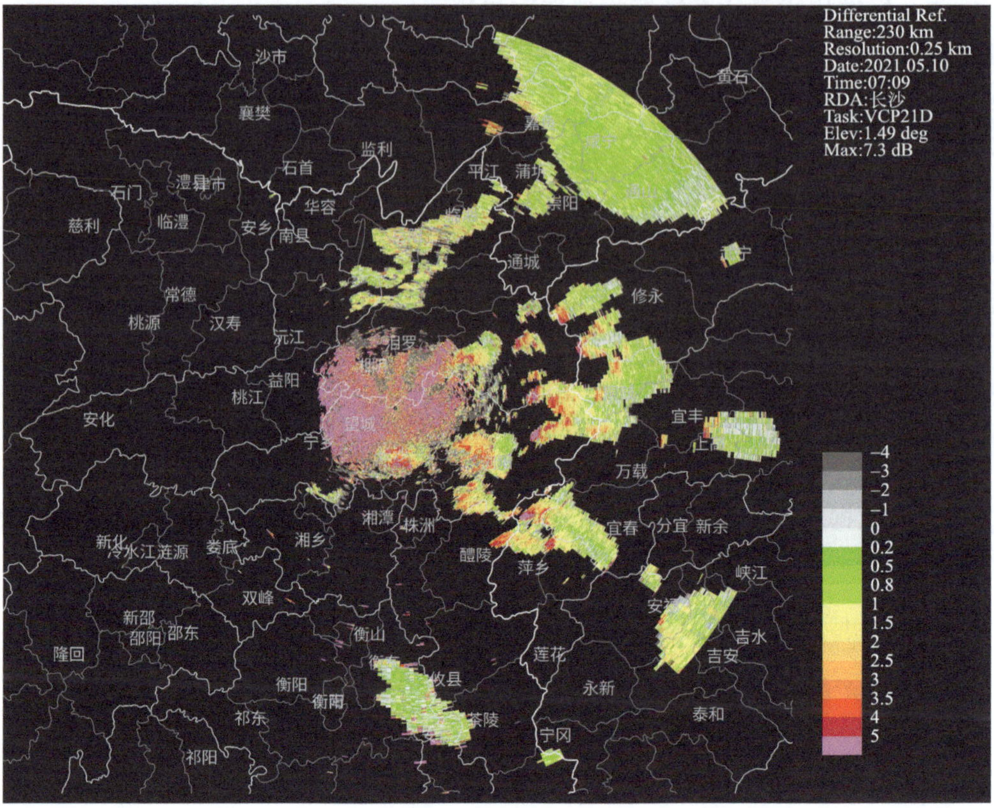

图 3.1　PPI 函数绘制图像示例（单位：dB）

⑦ PPI 函数里可设置的参数包括：dpi（图像分辨率）、add_city_names（是否显示县名，默认为 False）、style（图像背景为黑色、白色，或者是透明，默认为黑色）、extent（只显示某个经纬度范围区域，默认为全部显示）等。其中 extent 的用法为 extent=[起始经度，终止经度，起始纬度，终止纬度]。如绘制图像分辨率为 600，图像背景为白色，指定经纬度范围（113.2°—114.0°E，28.0°—28.5°N）的雷达回波图像（图 3.2）。

```
>>> fig=PPI(data,dpi=600,style="white",extent=[113.2,114,28,28.5])
>>> fig("D:\\ 图 3.2.jpg")
```

⑧ 如果不使用函数默认的色阶设置，可自定义色阶（cmap）、色阶范围（norm）、色阶条标注个数（nlabel）和色阶条标注（label）（图 3.3）。

```
>>> from matplotlib.colors import ListedColormap
>>> color_values=[(1,0.5,0.5),(0,0,1),(0,1,0),(1,1,0),(1,0,0)]
>>> mycmap=ListedColormap(color_values)
>>> nlabel=5
>>> fig=PPI(data,dpi=300,style="white",extent=[113.2,114.0,28.0,28.5],
…    cmap=mycmap,nlabel=nlabel)
```

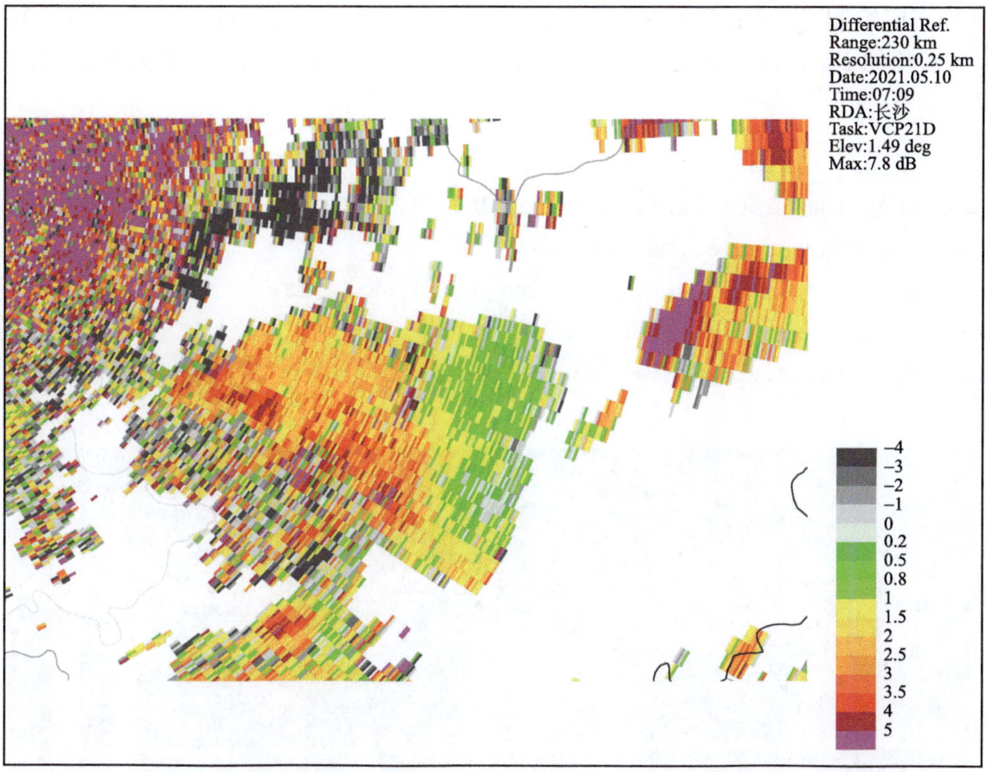

图 3.2　修改 PPI 函数的背景、经纬度范围等参数后绘制的图像示例（单位：dB）

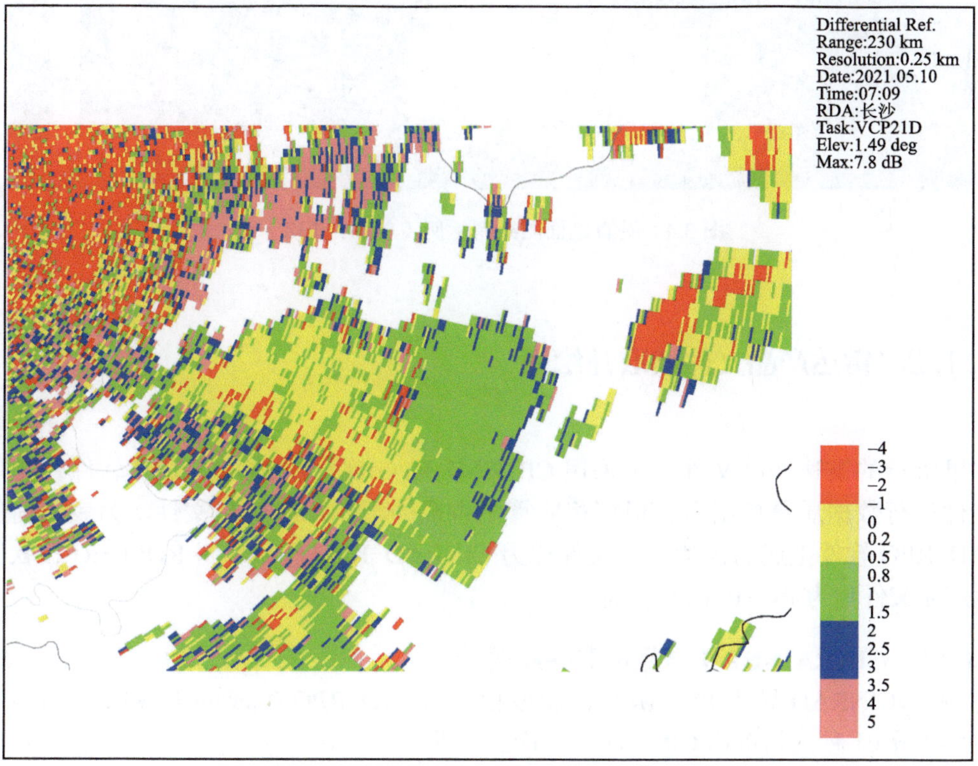

图 3.3　修改 PPI 函数的色阶后绘制的图像示例（单位：dB）

⑨ 当需要绘制 Z_{DR} 产品剖面图时，需要导入 PyCINRAD，获得雷达径向距离 230 km 范围内所有仰角的 Z_{DR} 产品，作为列表 ZDR_list，用于计算并显示指定起始经纬度的剖面产品（图 3.4）。

```
>>> import cinrad
>>> ZDR_list=list(f.iter_tilt(230,'ZDR'))
>>> vcs=cinrad.calc.VCS(ZDR_list)
>>> section=vcs.get_section(start_cart=(113.2,28),
...            end_cart=(114,28.5))
>>> fig=cinrad.visualize.Section(section)
```

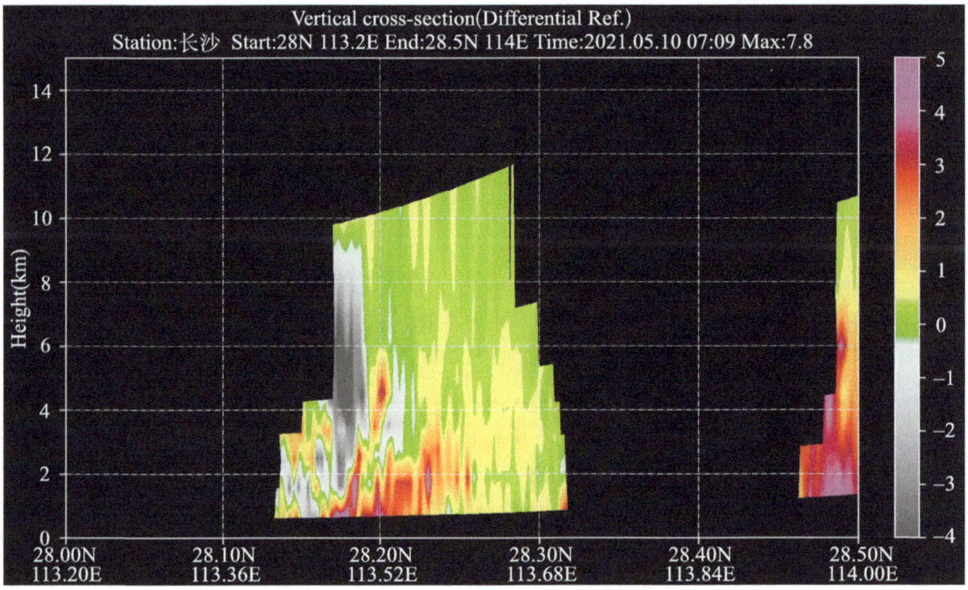

图 3.4 垂直剖面图绘制示例（单位：dBZ）

3.1.2 雷达产品文件读取并绘图

这里所指的雷达产品文件，是采用 CINRAD-RPG 软件或 ROSE-RPG 软件，对雷达基数据文件进行数据质量控制后，根据相应算法生成的雷达二次产品文件。为表达简便，将 CINRAD-RPG 软件生成的雷达产品文件称为 CINRAD-RPG 产品，将 ROSE-RPG 软件生成的雷达产品文件称为 ROSE-RPG 产品。

3.1.2.1 CINRAD-RPG 产品读取并绘图

① 从 PyCINRAD 导入 PUP 函数，读取由 CINRAD-RPG 生成的世界时 2017 年 7 月 9 日 07 时 42 分 01 秒沧州雷达 CR（37 号）产品文件。

```
>>> from cinrad.io import PUP
>>> f=PUP("C:/radarfiles/z9317/CR/37/20170709.074201.00.37.317")
>>> data=f.get_data()
```

② 提取组合反射率因子产品数据，利用 Numpy 工具库转化为二维矩阵的形式，方便后续操作。此处 CR 变量为 464 × 464 的二维矩阵，行向量对应着地理位置上纬度的变化（从北向南），列向量对应着地理位置上经度的变化（从西向东），数值是组合反射率因子的值。

```
>>> import numpy as np
>>> CR=np.array(data.CR.values)
```

③ 提取经纬度数据，转化为数组形式，lats 变量中为纬度数据，lons 变量中为经度数据，此时 lats 和 lons 是长度为 464 的一维数组。

```
>>> lats=np.array(data.latitude.values)
>>> lons=np.array(data.longitude.values)
>>> print(lons)
[114.73392793 114.74287856 … 118.86912144 118.87807207]
```

④ 从 PyCINRAD 中导入函数 PPI，直接绘图（图 3.5）。此处所用 data 为 3.2.1 节步骤① 中的组合反射率因子产品 data 变量。

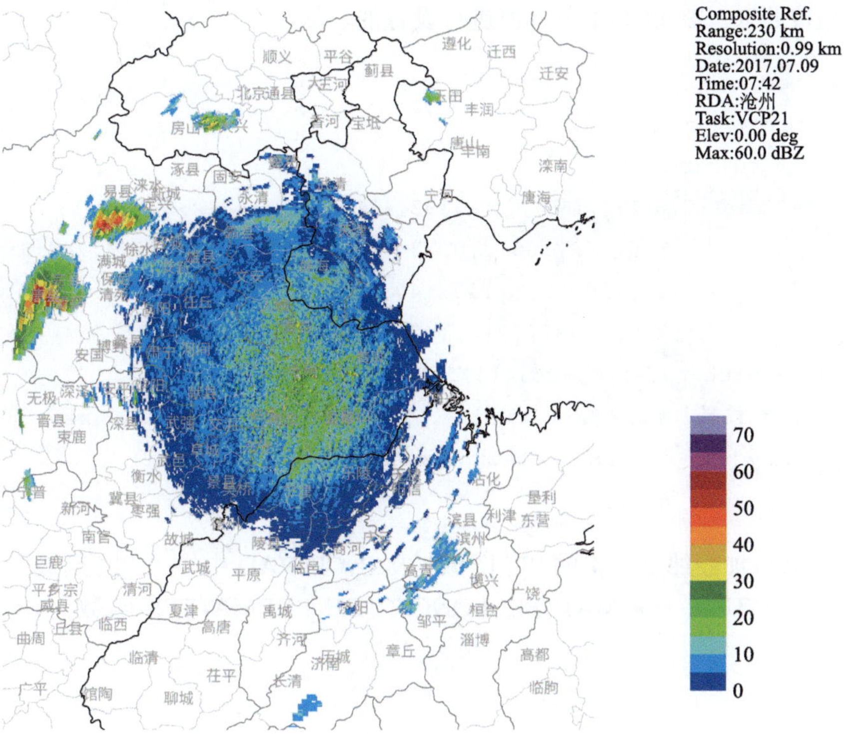

图 3.5　读取并绘制 CINRAD-PUP 产品示例（单位：dBZ）

```
>>> from cinrad.visualize import PPI
>>> fig=PPI(data,dpi=300,style="white",add_city_names=True)
```

3.1.2.2 ROSE-RPG 产品读取并绘图

PyCINRAD 读取 ROSE-RPG 产品文件的方式主要是：

```
>>> from cinrad.io import StandardPUP
>>> f=StandardPUP（"雷达产品文件路径"）
>>> data=f.get_data()
```

下面以基本反射率因子 R（19 号）产品为例进行读取与绘图操作。

① 从 PyCINRAD 导入 StandardPUP 函数，读取由 ROSE-RPG 生成的世界时 2018 年 3 月 4 日 01 时 00 分 41 秒郴州雷达 R（19 号）产品 0.5° 仰角文件。

```
>>> from cinrad.io import StandardPUP
>>> f=StandardPUP("D:/20180304/PPI/19/Z9735_20180304010041Z_
...                PPI_01_19")
>>> data_rosepup=f.get_data()
```

② 当需要在雷达产品 PPI 图像上自定义色标和添加经纬度网格时，可以通过自定义函数的方式绘图。首先自定义色标，需要从 Matplotlib 库中导入 colors 函数，然后导入 Numpy 库。此处色标是按照 ROSE-PUP 里色标值进行设置的。

```
>>> from matplotlib import colors
>>> import numpy as np
>>> def colormap():
>>>     cdict=([0,172,164],[192,192,254],[122,114,238],[30,38,208],
...            [166,252,168],[0,234,0],[16,146,26],[252,244,100],
...            [200,200,2],[140,140,0],[254,172,172],[254,100,92],
...            [238,2,48],[212,142,252],[170,36,250])
>>>     cdict=np.array(cdict)/255.0
>>>     # 按照上面定义的 colordict，将数据分成对应的部分，indexed：代表顺序
>>>     mycmap=colors.ListedColormap(cdict, 'indexed')
>>>     return mycmap
```

③ 自定义添加经纬度网格的 PPI 图像。从 PyCINRAD 中导入 PPI 函数，然后从 Cartopy 库中导入 LATITUDE_FORMATTER, LONGITUDE_FORMATTER 函数，用于绘制经纬度网格。

```
>>> from cinrad.visualize import PPI
>>> from cartopy.mpl.gridliner import LATITUDE_FORMATTER,
...  LONGITUDE_FORMATTER
```

④ 基于 PPI 自定义函数设置雷达图像出图属性；色标采用步骤 ③ 中自定义的 colormap 色标；以雷达站为中心每隔 50 km 绘制一个表示径向距离的白色圆圈；绘制经纬网格线，网格线用白色虚线表示，在图的左方和下方标名经纬度值。

```
>>> def ppi_plot(data):
>>>     fig=PPI(data,dpi=300,cmap=colormap())
>>>     #绘制以雷达站为中心的同心圆圈，最外圆圈径向距离为 230km
>>>     radius=230
>>>     fig.plot_range_rings(radius,color='white',linewidth=1.0)
>>>     #每隔 50km 绘制一个同心圆，直到绘制到 200km 处停止
>>>     for i in range(0,radius-30,50):
>>>         fig.plot_range_rings(i,color='white',linewidth=1.0)
>>>     # 设置经纬度网格虚线
>>>     liner=fig.geoax.gridlines(draw_labels=True,linewidth=2,
...            color='gray',alpha=0.5,linestyle='--')
>>>     liner.top_labels=False
>>>     liner.right_labels=False
>>>     liner.xformatter=LONGITUDE_FORMATTER
>>>     liner.yformatter=LATITUDE_FORMATTER
>>>     # 设置经纬度颜色字号等属性
>>>     liner.xlabel_style={'size':12,'color':'white',
...                         'weight':'bold'}
>>>     liner.ylabel_style={'size':12,'color':'white',
...                         'weight':'bold'}
```

⑤ 在主程序中出图（图 3.6）。可以看出此时图中色标已经与 ROSE-PUP 一致，且在原底图的基础上绘制了同心圆和经纬度网格。

```
>>> ppi_plot(data_rosepup)
```

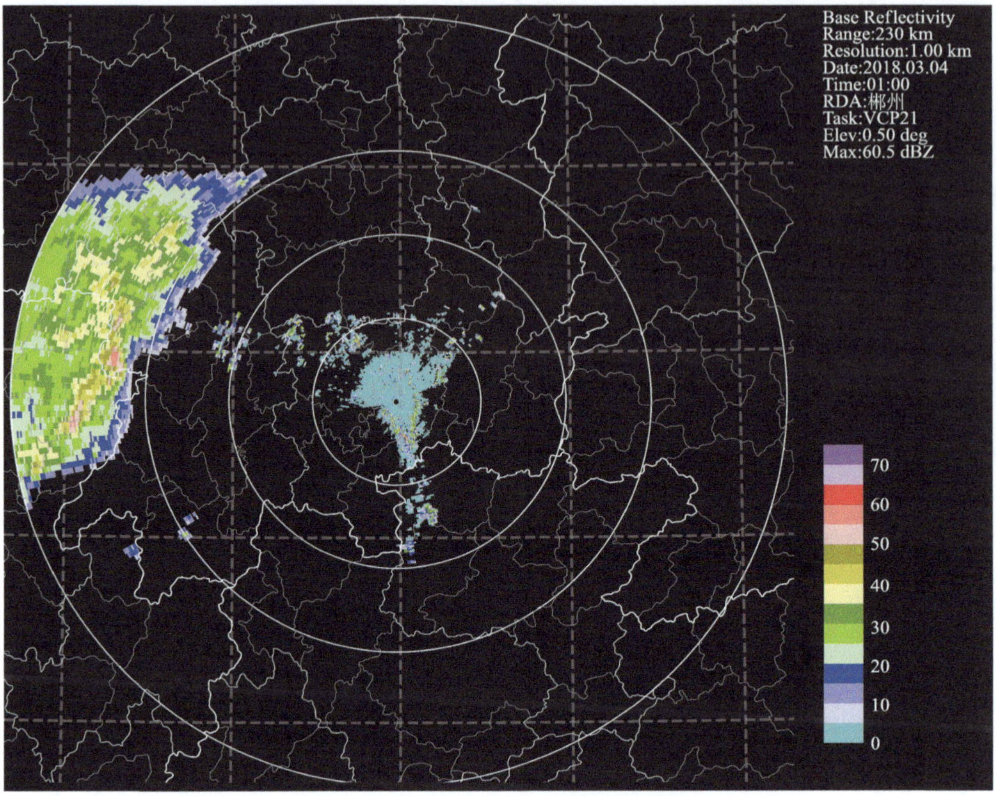

图 3.6　读取并绘制 ROSE-PUP 产品图像示例（单位：dBZ）

⑥ 同样可以利用 ROSE-RPG 产品进行剖面图绘制，只是与直接用基数据文件绘制方法有些不同。比如 2018 年 3 月 4 日郴州雷达 R（19 号）产品有 4 个仰角产品文件，那么需要获取 4 个仰角产品的 data 数据，将 4 个 data 数据形成列表，计算剖面产品（图 3.7）。

```
>>> import cinrad
>>> f1=StandardPUP("D:/20180304/PPI/19/Z9735_20180304010041Z_PPI_01_19")
>>> f2=StandardPUP("D:/20180304/PPI/19/Z9735_20180304010041Z_PPI_02_19")
>>> f3=StandardPUP("D:/20180304/PPI/19/Z9735_20180304010041Z_PPI_03_19")
>>> f4=StandardPUP("D:/20180304/PPI/19/Z9735_20180304010041Z_PPI_04_19")
>>> data1=f1.get_data()
>>> data2=f2.get_data()
>>> data3=f3.get_data()
>>> data4=f4.get_data()
>>> REF_list=list([data1,data2,data3,data4])
>>> vcs=cinrad.calc.VCS(REF_list)
>>> section=vcs.get_section(start_cart=(111,25.4),
...                          end_cart=(111.3,25.8))
>>> fig=cinrad.visualize.Section(section)
```

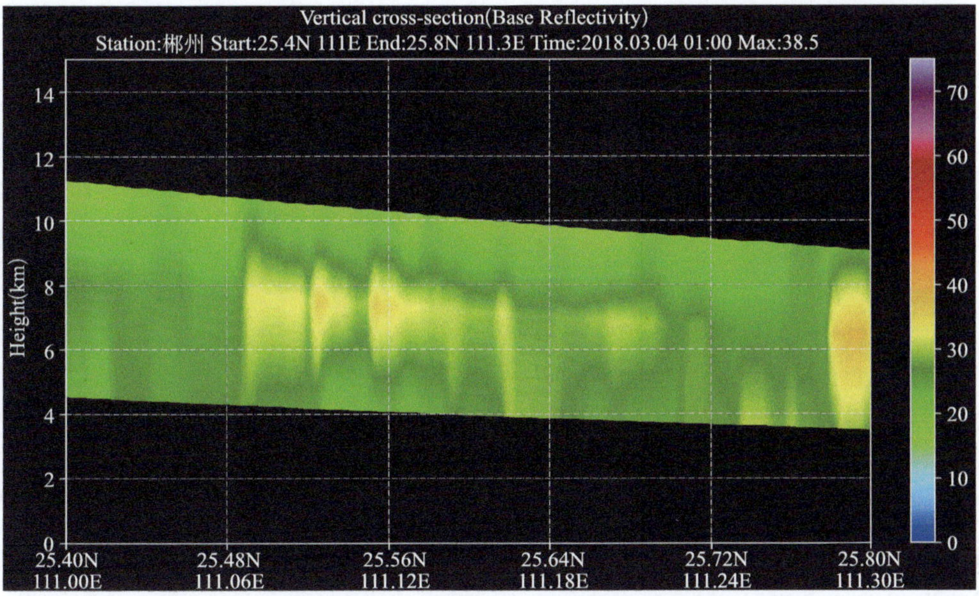

图 3.7　读取并绘制 ROSE-PUP 产品剖面图示例（单位：dBZ）

3.1.2.3　更多 ROSE-RPG 产品读取并绘图

下面以 ROSE-RPG 生成的 CAPPI、OHP 和 HI 产品为例进行简单介绍，后续将在实例中展示更多雷达产品的应用方式。

（1）读取 CAPPI 产品

读取世界时 2020 年 5 月 30 日 10 时 37 分 11 秒 CAPPI（110 号）产品文件，并显示相关信息。输出结果显示该产品是 3 km 高度的反射率因子分布信息，包括高度（height）、方位角（azimuth）、雷达径向距离（distance）、CAPPI 值、经度（longitude）和纬度（latitude），以及雷达的站点信息和扫描信息。

```
>>> from cinrad.io import StandardPUP
>>> f=StandardPUP("E:/Z9735_20200530103711Z_CAPPI_00_110")
>>> data=f.get_data()
>>> # 显示 CAPPI 的数据信息
>>> print(data.map)
<bound method Dataset.map of <xarray.Dataset>
Dimensions:    (height: 1, azimuth: 360, distance: 230)
Coordinates:
  * height     (height) float64 3e+03
  * azimuth    (azimuth) float64 0.0 0.0175 0.035 0.05251 ... 6.248 6.266 6.283
  * distance   (distance) float64 1.0 2.0 3.0 4.0 ... 227.0 228.0 229.0 230.0
Data variables:
    CAPPI      (height, azimuth, distance) float64 nan -3.5 3.0 ... nan nan nan
```

```
    longitude   (azimuth, distance) float64 113.0 113.0 113.0 ... 113.0 113.0
    latitude    (azimuth, distance) float64 25.74 25.75 25.76 ... 27.8 27.81
Attributes:
    elevation:         0
    range:             230.0
    scan_time:         2020-05-30 10:37:11
    site_code:         Z9735
    site_name:         郴州
    site_longitude:    112.975
    site_latitude:     25.734167
    tangential_reso:   1.0
    task:              VCP21>
```

（2）读取 OHP 产品

读取郴州雷达世界时 2018 年 3 月 4 日 12 时 02 分 46 秒 OHP（78 号）产品文件，并显示最大 OHP 所在经纬度。

```
>>> # 导入所需要的库。
>>> from cinrad.io import StandardPUP
>>> import numpy as np
>>> # 用 StandardPUP 函数读取 OHP 产品，得到 OHP 值，经纬度值。
>>> f=StandardPUP("E:/Z9735_20180304120246Z_OHP_00_78")
>>> data=f.get_data()
>>> OHP=data.OHP.data
>>> lons=data.longitude.data
>>> lats=data.latitude.data
>>> # 用 np.nanmax 函数读取 OHP 最大值，如果用 np.max 读取，结果会是“nan”，
…  用 np.nanmax 读取，会排除 nan 值而读取真正的最大值。
>>> OHP_max=np.nanmax(OHP)
>>> # 计算 OHP 最大值所对应的经纬度信息。
>>> lon_max,lat_max=lons[OHP==OHP_max][0],lats[OHP==OHP_max][0]
>>> print(lon_max,lat_max)
112.82868349133314 26.661935044649066
```

（3）读取 HI 产品

① 读取世界时 2018 年 3 月 4 日 11 时 09 分 08 秒冰雹指数 HI（59 号）产品文件，显示文件信息。

```
>>> # 导入所需要的库。
>>> from cinrad.io import StandardPUP
```

```
>>> from cinrad.visualize import PPI
>>> # 读取冰雹指数产品文件，并显示基本信息。
>>> f=StandardPUP(f"E:/Z9735_20180304110908Z_HI_00_59")
>>> data=f.get_data()
>>> print(data.map)
<bound method Dataset.map of <xarray.Dataset>
Dimensions:                (dim_0: 14)
Dimensions without coordinates: dim_0
Data variables:
    hail_possibility        (dim_0) int32 100 100 100 100 100 100 ... 0 0 0 0 0
    hail_size               (dim_0) float32 14.93 5.891 5.913 ... 0.0 0.0 0.0
    hail_severe_possibility (dim_0) int32 100 100 100 100 100 90 ... 0 0 0
0 0
    longitude               (dim_0) float64 112.8 111.4 112.7 ... 112.3
113.1
    latitude                (dim_0) float64 26.64 25.67 26.62 ... 26.57 26.71
Attributes:
    scan_time:        2018-03-04 11:09:08
    site_code:        Z9735
    site_name:        郴州
    site_longitude:   112.975
    site_latitude:    25.734167
    task:             VCP21
    height_0deg:      1.329
    height_-20deg:    4.229>
```

② 根据文件信息，可知冰雹指数文件包含了冰雹发生概率（hail_possibility）、强冰雹发生概率（hail_severe_possibility）、估测的冰雹直径（hail_size）、0 ℃层高度（height_0deg）、−20℃层高度（height_-20deg）以及雷达站点信息和扫描信息。绘制 0℃层冰雹指数和冰雹估测直径的分布图（图 3.8）。

```
>>> # 读取冰雹发生概率，强冰雹发生概率，冰雹直径及经纬度信息。
>>> hail_possibility=data.hail_possibility.data
>>> hail_size=data.hail_size.data
>>> hail_severe_possibility=data.hail_severe_possibility.data
>>> lons=data.longitude.data
>>> lats=data.latitude.data
>>> # 绘制冰雹指数和冰雹估测直径分布图，图中圆点的颜色深浅表示冰雹发生概率的高低，
...  圆点的大小表示冰雹估测直径的大小，为显示明确，将冰雹直径扩大 100 倍。
```

```
>>> import matplotlib.pyplot as plt
>>> Import matplotlib as mpl
>>> # 设置全局字体为宋体，用于绘图时支持中文标签
>>> mpl.rcParams['font.family']='SimSun'
>>> mpl.rcParams['font.size']=15
>>> fig,ax=plt.subplots(figsize=[10,6],dpi=600)
>>> ps=plt.scatter(lons,lats,c=hail_possibility,
...                  s=hail_size*100,cmap='Spectral_r')
>>> cbar=plt.colorbar(ps)
>>> cbar.set_label('冰雹发生概率 /%')
>>> plt.xlim(111.0,113.0)
>>> plt.xticks([111.0,111.5,112.0,112.5,113.0],
...              ['111.0° ','111.5° ','112.0° ','112.5° ','113.0° E'])
>>> plt.ylim(25.5,27.5)
>>> plt.yticks([25.5,25.75,26.0,26.25,26.5,26.75,27.0,27.25,27.5],
...              ['25.50° ','25.75° ','26.00° ','26.25° ','26.50° ',
...               '26.75° ','27.00° ','27.25° ','27.50° N'])
>>> plt.xlabel('经度')
>>> plt.ylabel('纬度')
>>> plt.show()
```

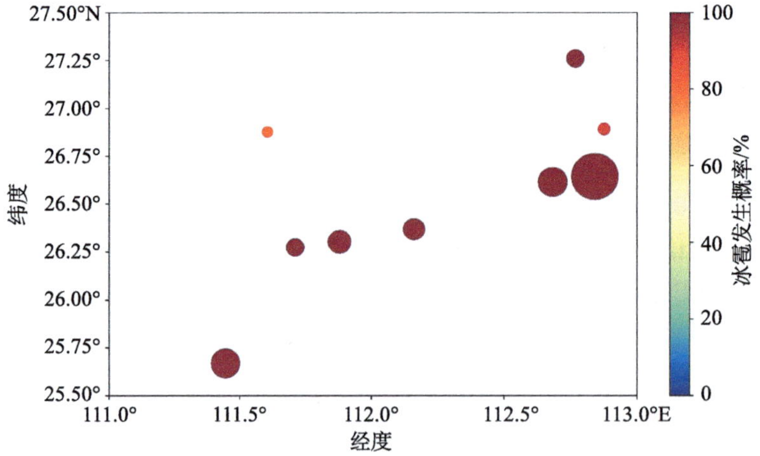

图 3.8　读取 HI 产品并绘制图像示例（单位：dBZ）

3.1.3　雷达产品计算与绘图

这里所指雷达产品计算，是雷达基数据文件前期未经 ROSE-RPG 或其他软件处理，直

接采用 PyCINRAD 功能模块将雷达基数据转换为雷达产品。

3.1.3.1　VIL 产品计算

① 导入所需的库和模块。

```
>>> import cinrad
>>> from cinrad.visualize import PPI
```

② 采用 StandData 或 read_auto 函数读取世界时 2021 年 5 月 10 日 7 时 9 分 30 秒的标准格式雷达基数据文件。

```
>>> filename=r"E:/Z_RADR_I_Z9731_20210510070930
...               _O_DOR_SAD_CAP_FMT.BIN.bz2"
>>> f=cinrad.io.read_auto(filename)
>>> REF_list=list(f.iter_tilt(230,'REF'))
```

③ 利用 cinrad.calc.quick_vil 模块将雷达基数据转换为 VIL 产品。

```
>>> VIL=cinrad.calc.quick_vil(REF_list)
```

④绘制 VIL 产品图像，背景为白色，绘制经纬度范围为 113.2°—114.0°E，28.0°—28.5°N（图 3.9）。

```
>>> fig=PPI(VIL,style="white",dpi=600,extent=[113.2,114,28,28.5])
>>> fig("E:/ 图 3.9.jpg")
```

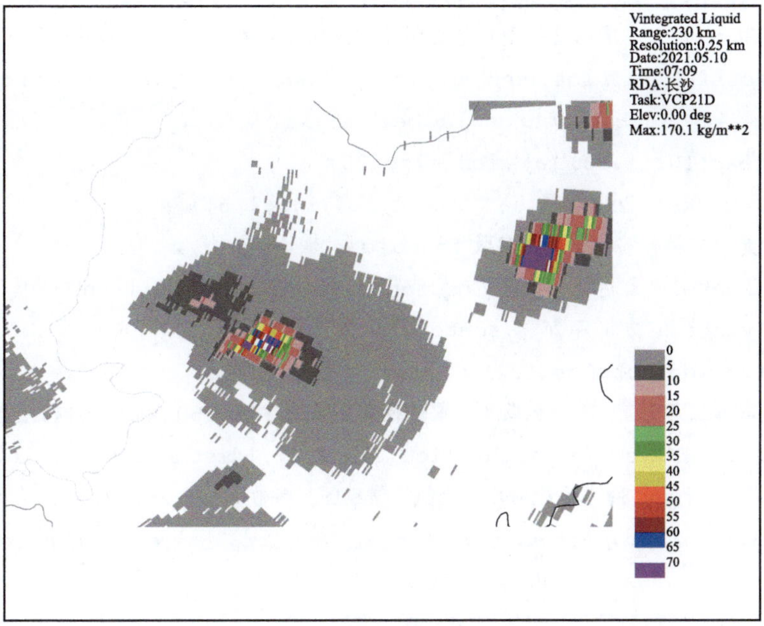

图 3.9　计算 VIL 产品并绘制图像示例（单位：dBZ）

3.1.3.2 ET（TOPS）产品计算

① 导入所需的库。

```
>>> import cinrad
>>> import matplotlib.pyplot as plt
```

② 采用 StandData 或 read_auto 函数读取世界时 2021 年 5 月 10 日 07 时 09 分 30 秒的标准格式雷达基数据文件。

```
>>> filename=r"E:/Z_RADR_I_Z9731_20210510070930
...           _O_DOR_SAD_CAP_FMT.BIN.bz2"
>>> f=cinrad.io.read_auto(filename)
>>> REF_list=list(f.iter_tilt(230,'REF'))
```

③ 利用 cinrad.calc.quick_et 模块将雷达基数据转换为 ET 产品。

```
>>> ET=cinrad.calc.quick_et(REF_list)
```

④ PyCINRAD 的 PPI 模块目前无法直接以子图的形式绘图，考虑到生成的雷达产品具有 xarray 结构，这里提供一种采用 xarray 内置绘图功能绘制子图的方式，子图为不同方位角和雷达径向距离区域的 ET 产品图像（图 3.10）。

```
>>> fig=plt.figure(figsize=(10,4),dpi=600)  # 设置图形大小
>>> ax=fig.add_subplot(121)
>>> # 选取方位角为 1.1~1.6 弧度，雷达径向距离为 100~150 km 范围内 ET 数据
>>> ET_a=ET['ET'].sel(azimuth=slice(1.1,1.6), distance=slice(100,150))
>>> # 使用 xarray 的内置绘图功能绘制等值线图，参数 cbar_kwargs 用于自定义色标标签
>>> contourf=ET_a.plot.contourf(cmap='Spectral_r',vmin=0,vmax=18,
...               cbar_kwargs={'label':'ET/km'})
>>> ax.text(101,1.53,'(a)',fontsize=20)
>>> plt.yticks(ticks=[1.1,1.2,1.3,1.4,1.5,1.6])
>>> # 设置中文轴标签，需定义参数 fontdict
>>> plt.xlabel('雷达径向距离 /km',fontdict={'family':'SimSun'})
>>> plt.ylabel('方位角 /° ',fontdict={'family':'SimSun'})
>>> ax=fig.add_subplot(122)
>>> # 选取方位角为 1.5~2.0 弧度，雷达径向距离为 100~150 km 范围内 ET 数据
>>> ET_b=ET['ET'].sel(azimuth=slice(1.5,2.0), distance=slice(100,150))
>>> # 使用 xarray 的内置绘图功能绘制等值线图，参数 cbar_kwargs 用于自定义色标标签
>>> contourf=ET_b.plot.contourf(cmap='Spectral_r',vmin=0,vmax=18,
...               cbar_kwargs={'label':'ET/km'})
>>> ax.text(101,1.93,'(b)',fontsize=20)
>>> plt.yticks(ticks=[1.5,1.6,1.7,1.8,1.9,2.0])
```

```
>>> # 设置中文轴标签，需定义参数 fontdict
>>> plt.xlabel('雷达径向距离 /km',fontdict={'family':'SimSun'})
>>> plt.ylabel('方位角 /° ',fontdict={'family':'SimSun'})
>>> plt.show()
```

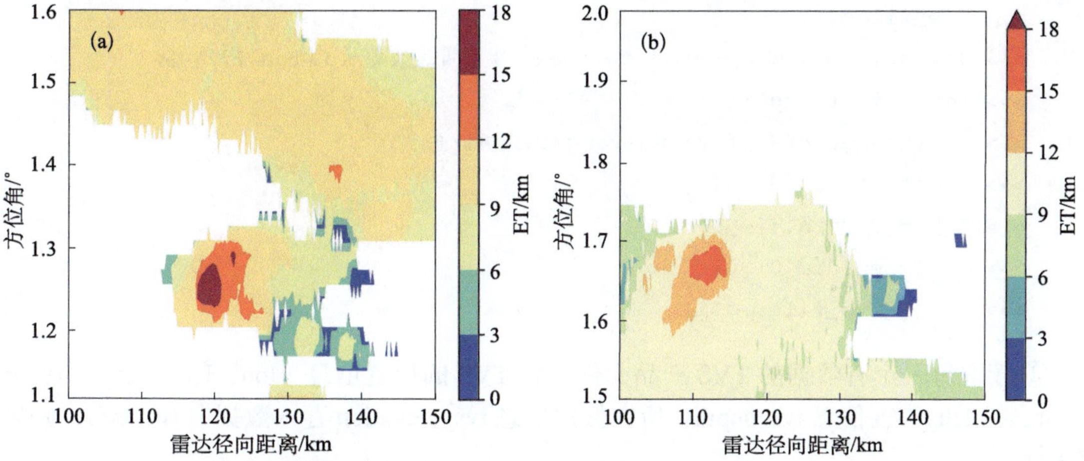

图 3.10　计算 ET 产品并绘制图像示例

3.1.4　基于场景的练手小实例

（1）场景 1

龙卷是小尺度天气系统，生命史短、移动速度快、破坏力强。洞庭湖平原地区是湖南省龙卷高发区（虽然数量级上完全不能和美国中央大平原相提并论），可一旦产生，危害极大。为了进一步做好灾害防范，现在需要分析历史资料来探究龙卷发生的可能性。手段之一是利用雷达产品中的龙卷涡旋特征 TVS 产品。TVS 是一个直径一般在 1～2 km 的小尺度涡旋，其在速度图上表现为像素到像素的很大的风切变。在超级单体风暴中，出现 TVS，特别是在 TVS 位置较低时伴随龙卷发生的概率很高。

前期工作：收集岳阳雷达长时间序列雷达基数据，已利用 ROSE-RPG 软件转化生成 TVS 产品文件。

目标任务：对所有 TVS 信息进行梳理。

实现步骤：

① 导入所需要的库和模块。

```
>>> from cinrad.io import StandardPUP
>>> import os
>>> import pandas as pd
```

② 读取指定文件夹中所有岳阳雷达 TVS（61 号）产品文件。

```
>>> rad_path="E:/yueyang/TVS/61/"
>>> files=os.listdir(rad_path)
```

③ 当 TVS 文件中有数据时，即其中 dim_0 的长度大于零时，将文件名存入 tvs_files 列表中。

```
>>> tvs_files=[]
>>> #files[0] 是索引文件 ProductIndex，读取雷达文件从 files[1] 开始。
>>> for i in files[1:]:
>>>   f=StandardPUP(f"E:/yueyang/TVS/61/{i}")
>>>   data=f.get_data()
>>>   dim_0=data.dim_0
>>>   if len(dim_0)>0:
>>>       tvs_files+=[i]
```

④ 读取每一个有数据的 TVS 产品文件，将 TVS 的位置信息（lon，lat）、最大切变 tvs_mxshr、扩展的厚度信息 tvs_depth、所在仰角信息 tvs_elevation 存入数据框 tvs_info，并显示前 4 行。

```
>>> tvs_info=pd.DataFrame(columns=['lon','lat','tvs_mxshr',
...                              'tvs_depth','tvs_elevation'])
>>> for i in tvs_files:
>>>    f=StandardPUP(f" E:/yueyang/TVS/61/{i}")
>>>    data=f.get_data()
>>>    dim_0=data.dim_0
>>>    for j in range(len(dim_0)):
>>>        lon=data.longitude.values[j]
>>>        lat=data.latitude.values[j]
>>>        tvs_mxshr=data.tvs_mxshr.values[j]
>>>        tvs_depth=data.tvs_depth.values[j]
>>>        tvs_elevation=data.tvs_elevation.values[j]
>>>        tvs_info=tvs_info._append({'lon':lon,'lat':lat,
...       'tvs_mxshr':tvs_mxshr, 'tvs_depth':tvs_depth,
...       'tvs_elevation':tvs_elevation},ignore_index=True)
>>> print(tvs_info.head(4))
     lon          lat       tvs_mxshr   tvs_depth    tvs_elevation
0 112.338579  25.062729  64.568016     3166.0          2.4
1 112.372642  25.066192  66.722366     2953.0          2.4
2 112.424028  25.338748  98.418114     3458.0          1.5
3 112.520981  25.150151  78.158714     2711.0          2.4
```

（2）场景 2

岳阳国家气象观测站位于洞庭湖畔，毗邻岳阳城区。岳阳观测站历史上关于雷暴的人工记录中，过天顶的雷暴占比远高于周边其他观测站。观测员希望通过高分辨率的雷达产品资料明确过天顶雷暴的移动路径。由于岳阳雷达站与观测站相隔不远，过天顶雷暴容易处于岳阳雷达的静锥区，故改用邻近的长沙雷达资料进行分析。

目标任务：以 2020 年 5 月 10 日 04 时 05 分 18 秒长沙雷达第 6 个被 SCIT 方法识别出的雷暴为例，利用 STI 产品文件绘制该雷暴的移动路径。

实现步骤：

① 导入所需要的库和相关模块。

```
>>> import os
>>> from cinrad.io import StandardPUP
>>> import matplotlib.pyplot as plt
```

② 读取 2020 年 5 月 10 日 04 时 05 分 18 秒长沙雷达 STI 产品文件，获得 id 为“6”的雷暴的位置信息（position）和强度信息（intensity）。

```
>>> f1=StandardPUP("E:/STI/58/Z9731_20200510040518_STI_00_58")
>>> data1=f1.get_data()
>>> # 读取 STI 产品中 id 为“6”的雷暴，获得其位置信息和强度信息
>>> dict1=data1['data'][6]
>>> position=[dict1['current_position']]
>>> intensity=[dict1['max_ref']]
```

③ 读取 1 d 中 STI 文件关于 id 为“6”的雷暴位置信息和强度信息，直到 id 为“6”的雷暴不再被识别出来（图 3.11）。

```
>>> STI_files=os.listdir("E:/STI/58/")
>>> for i in range(1,len(STI_files)):
>>>     flag=0
>>>     f2=StandardPUP(f"E:/STI/58/{STI_files[i]}")
>>>     data2=f2.get_data()
>>>     for j in range(len(data2['data'])):
>>>         dict2=data2['data'][j]
>>>         if dict1['id']==dict2['id']:
>>>           position+=[dict2['current_position']]
>>>           intensity+=[dict2['max_ref']]
>>>           flag=1
>>>     if flag==0:
>>>         break
>>> # 将经度和纬度信息分别存入 lons 和 lats 列表
```

```
>>> lons=[position[i][0] for i in range(len(position))]
>>> lats=[position[i][1] for i in range(len(position))]
```

④ 根据 id 为“6”的雷暴的位置信息和强度信息进行图像绘制（图 3.11）。

```
>>> fig,ax=plt.subplots(figsize=[10,4],dpi=600)
>>> plt.plot(lons,lats,'ko-')
>>> for i in range(len(intensity)):
>>>     ax.text(lons[i],lats[i],str(intensity[i]))
>>> # 生成 x 和 y 轴范围
>>> plt.xlim(111.03,111.47)
>>> plt.ylim(28.28,28.68)
>>> # 生成 x 轴刻度
>>> x_ticks=[i/100 for i in range(11105,11146,5)]
>>> # 生成 x 轴标签，最后一个刻度标签单位是“° E”，其他刻度标签单位为“° ”
>>> xtick_labels=[f"{tick:.2f}° " for tick in x_ticks[:-1]]
...                 +[f"{x_ticks[-1]:.2f}° E"]
>>> plt.xticks(x_ticks,xtick_labels)
>>> # 生成 y 轴刻度
>>> y_ticks=[i/100 for i in range(2830,2866,5)]
>>> # 生成 y 轴标签，最后一个刻度标签单位是“° N”，其他刻度标签单位为“° ”
>>> ytick_labels=[f"{tick:.2f}° " for tick in y_ticks[:-1]]
...                 +[f"{y_ticks[-1]:.2f}° N"]
>>> plt.yticks(y_ticks,ytick_labels)
>>> # 生成 x 和 y 轴标签
>>> plt.xlabel('经度',fontdict={'family':'SimSun','size':15})
>>> plt.ylabel('纬度',fontdict={'family':'SimSun','size':15})
>>> plt.title('STI')
>>> plt.show()
```

小贴示：PyCINRAD 还有更多功能，包括利用雷达基数据文件计算 CR、HCL 产品、读取更多种 ROSE-RPG 产品等，在后续的章节中会进行展示，完整内容请参考相关说明文档和开发者公布的教程。

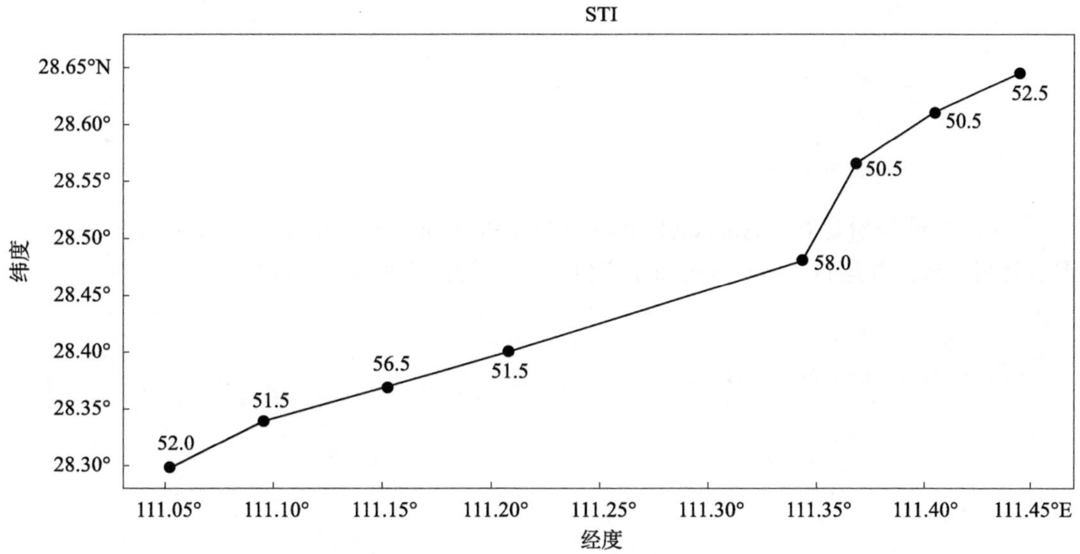

图 3.11　读取 STI 产品并绘制风暴路径图像示例

3.2　PyCWR 基础应用

本节主要举例说明 PyCWR 的基础应用，包括对旧格式雷达基数据文件、标准格式雷达基数据文件的读取与绘图；对比 PyCWR 和 PyCINRAD 在生成相同雷达产品时的图像。可根据实际需求参考 PyCWR 应用指南 https://github.com/YvZheng/pycwr。

3.2.1　雷达基数据文件图形化界面显示

雷达基数据文件图形化界面显示是 PyCWR 的一个特色。图形化界面帮助我们在批量读取和处理基数据前，对基数据有一个大致的认识。

① 在 Spyder 开发工具脚本中输入以下命令，并将其保存为 pycwr_GUI.py 文件，存至 D 盘根目录下。

```
>>> import warnings
>>> warnings.filterwarnings('ignore')
>>> import os, sys
>>> sys.path.append(os.path.dirname(os.path.dirname(
...                  os.path.abspath(__file__))))
>>> from pycwr.GraphicalInterface.RadarInterface import MainWindow
>>> from PyQt5 import QtWidgets
```

```
>>> app=QtWidgets.QApplication(sys.argv)
>>> ui=MainWindow()
>>> ui.show()
>>> sys.exit(app.exec_())
```

② 以管理员身份运行"Anaconda Powershell Prompt（Anaconda3）"，输入以下命令，激活虚拟环境 cwr，并运行 pycwr_GUI.py 文件，显示初始界面（图 3.12）。

```
>>> conda activate cwr
>>> python D:\pycwr_GUI.py
```

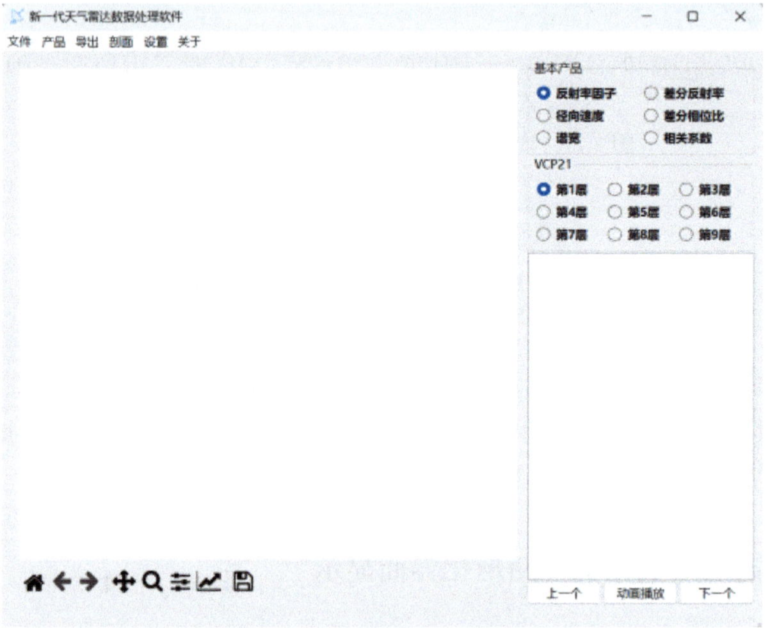

图 3.12　PyCWR 库图形化界面显示

③ 通过文件打开的方式，打开雷达基数据文件。对于双偏振雷达基数据文件，会显示反射率因子、差分反射率、径向速度、差分相位比、谱宽和相关系数 6 项基本产品和不同仰角层次按钮（图 3.13a）。对于单偏振雷达基数据文件，只会显示反射率因子、径向速度和谱宽 3 项基本产品按钮以及不同层次按钮（图 3.13b）。图形化界面提供显示地图、连续色标等功能，如果打开的是具有完整体扫的基数据文件，可显示垂直剖面。

3.2.2　雷达基数据文件读取与绘图

① 从 pycwr.io 模块中导入 read_auto 函数，读取世界时 2021 年 5 月 10 日 07 时 09 分 30 秒的标准格式基数据文件。

```
>>> from pycwr.io import read_auto
>>> file=r"D:/Z_RADR_I_Z9731_20210510070930_O_DOR_SAD_CAP_FMT.BIN.bz2"
>>> PRD=read_auto(file)
```

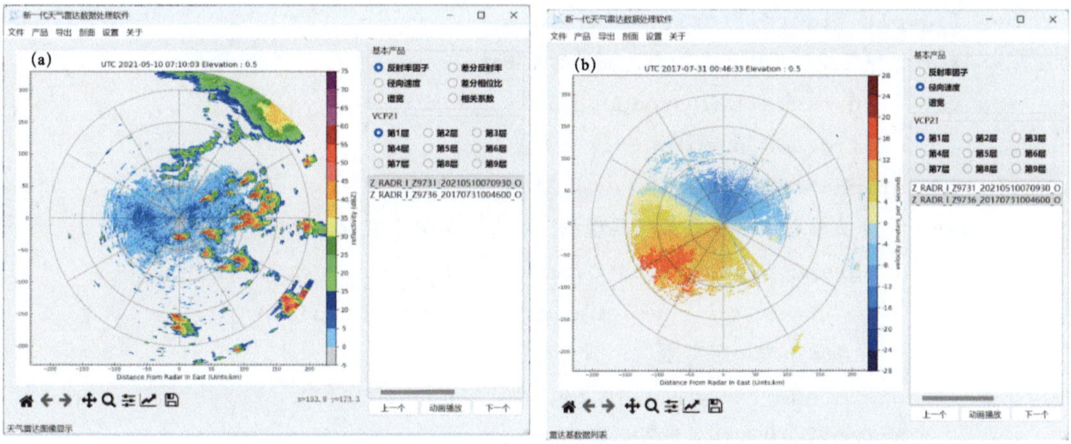

图 3.13　PyCWR 库图形化界面显示双偏振雷达基数据文件（a）和单偏振雷达基数据文件（b）

② 变量 PRD 中的“fields”存放了雷达体扫数据，读取“fields”中数据采用“PRD.fields[层数][产品代号]”的方法索引。

```
>>> # 显示第 1 层差分反射率因子的数值
>>> print(PRD.fields[0]["ZDR"].data)
 [[nan, nan, nan, ..., nan, nan, nan],
  [nan, nan, nan, ..., nan, nan, nan],
  [nan, nan, nan, ..., nan, nan, nan],
  ...,
  [nan, nan, nan, ..., nan, nan, nan],
  [nan, nan, nan, ..., nan, nan, nan],
  [nan, nan, nan, ..., nan, nan, nan]]
>>> # 显示第 1 层差分反射率因子的全称
>>> print(PRD.fields[0]["ZDR"].long_name)
Differential reflectivity
```

③ 导入 matplotlib.pyplot 模块，从 pycwr.draw.RadarPlot 模块中导入 Graph 类，绘制不同基本数据产品的 PPI 图像（图 3.14）。

```
>>> import matplotlib.pyplot as plt
>>> from pycwr.draw.RadarPlot import Graph
>>> # 设置好需要绘图的基本数据产品代号列表和绘图序号列表
>>> products=['dBZ','ZDR','KDP','CC']
```

```
>>> product_names=['基本反射率因子(Z)','差分反射率因子(ZDR)',
...                 '差分相移率(KDP)','相关系数(CC)']
>>> product_units=['dBZ','dB','°  /km','']
>>> titles=['(a)','(b)','(c)','(d)']
>>> fig=plt.figure(figsize=[10,8])
>>> # 通过循环绘制不同产品的雷达极坐标系图像
>>> for i in range(len(products)):
>>>     ax=fig.add_subplot(2,2,i+1)
>>>     graph=Graph(PRD)
>>>     # 下方参数中 0 代表第 1 层数据，将产品单位设置为色标标签
>>>     im=graph.plot_ppi(ax,0,products[i],cmap="CN_ref",
...                   clabel=f"{product_units[i]}")
>>>     # 在图像上增加距离圈
>>>     graph.add_rings(ax,[0,50,100,150,200,230])
>>>     # 用产品全称和序号设置标题
>>>     ax.set_title(f"{titles[i]} {product_names[i]}",
...                 fontdict={"family":"SimSun",
...                 "size":12,"color":"k"})
>>>     # 设置 x 轴标签和 y 轴标签，参数 fontdict 的设置能保证中文轴标签的正确显示
>>>     ax.set_xlabel("东西方向雷达径向距离/km",fontdict={"family":
...                  "SimSun","size":12,"color":"k"})
>>>     ax.set_ylabel("南北方向雷达径向距离/km",fontdict={"family":
...                  "SimSun","size":12,"color":"k"})
>>> plt.tight_layout() # 确保子图之间的间距合理，子图的标签和标题不会相互重叠
>>> plt.show()
```

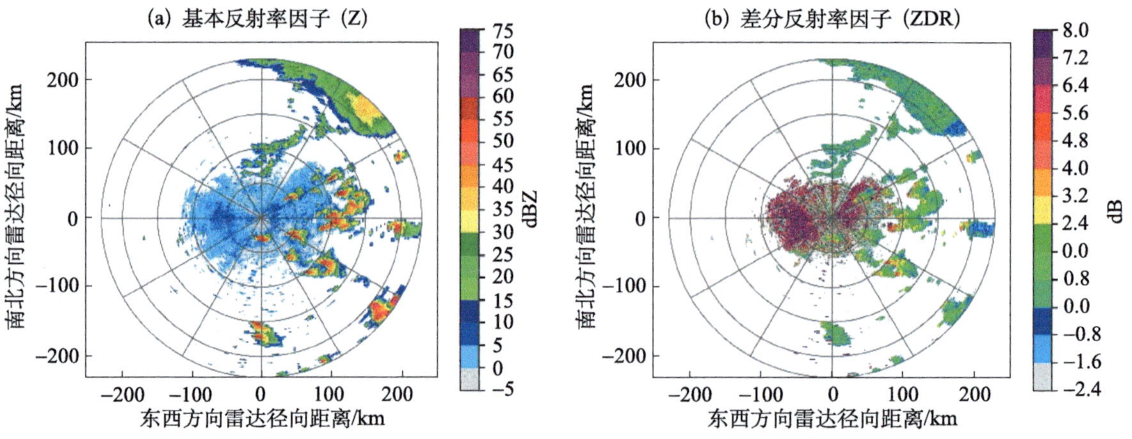

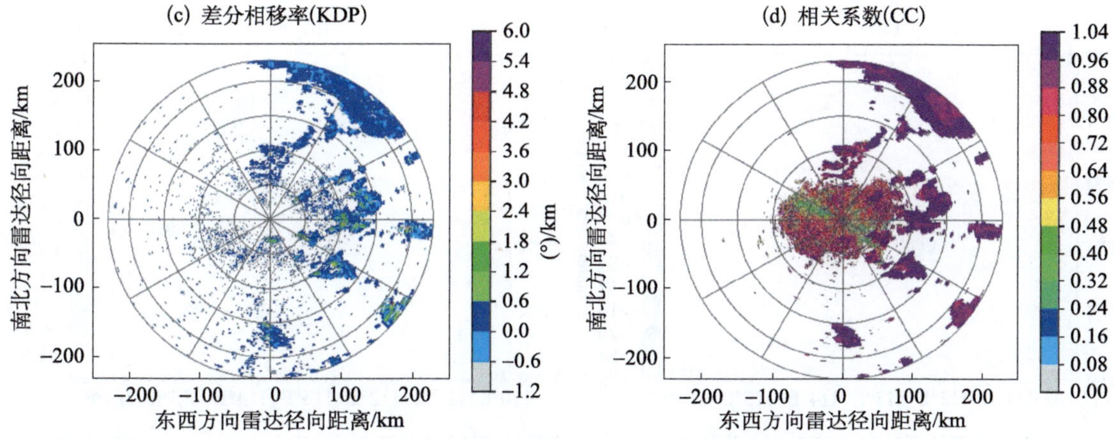

图 3.14　双偏振雷达基本数据产品 PPI 图像示例

④ 从 pycwr.draw.RadarPlot 模块中导入 GraphMap 类，导入 cartopy.crs 模块，绘制不同基本数据产品在地图上显示的图像（图 3.15）。

```
>>> from pycwr.draw.RadarPlot import GraphMap
>>> import cartopy.crs as ccrs
>>> # 设置好需要绘图的基本数据产品代号列表
>>> products=['V','ZDR']
>>> titles=['(a)','(b)']
>>> fig=plt.figure(figsize=[12,4])
>>> for i in range(len(products)):
>>>     # 设置子图投影
>>>     ax=fig.add_subplot(1,2,i+1,projection=ccrs.PlateCarree())
>>>     # 绘制第 1 层基本产品数据在地图上显示的图像
>>>     graph=GraphMap(PRD,ccrs.PlateCarree())
>>>     # 下方参数中 0 代表第 1 层数据，将产品单位设置为色标标签
>>>     graph.plot_ppi_map(ax,0,products[i],cmap="CN_ref",clabel=
...     f"{PRD.fields[0][products[i]].units}")
>>>     # 用产品全称和序号设置标题
>>>     ax.set_title(f"{titles[i]}",fontsize=12)
>>> plt.show()
```

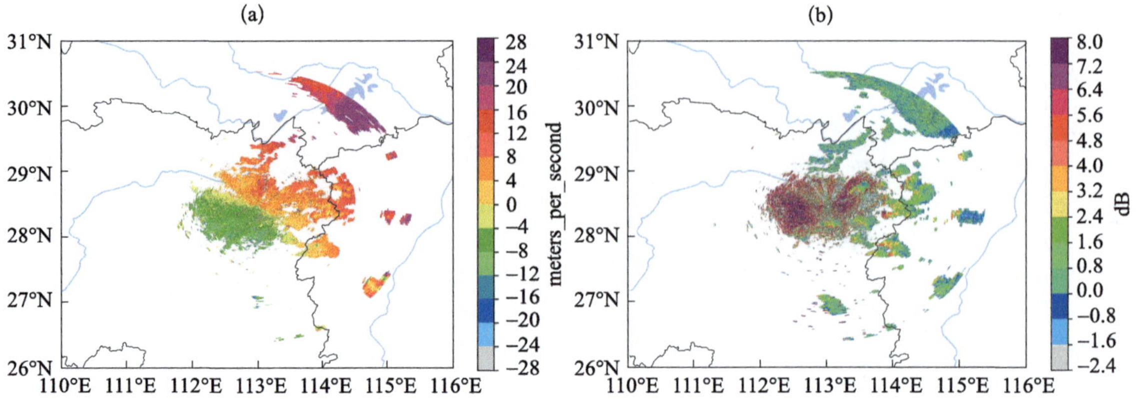

图 3.15　添加地图的雷达径向速度 V（单位：m/s）（a）和差分反射率因子 Z_{DR}（单位：dB）（b）PPI 图像示例

3.2.3　雷达产品计算与绘图

3.2.3.1　计算 CR 产品

PyCWR 和 PyCINRAD 同时具有根据雷达基数据文件计算组合反射率 CR 产品的函数，下面采用两个库分别对组合反射率产品进行计算和图像绘制，便于进行比对。

（1）PyCWR 计算 CR 产品

① 导入所需要的库和模块。

```
>>> from pycwr.io import read_auto
>>> import matplotlib.pyplot as plt
>>> from pycwr.draw.RadarPlot import plot_xy, add_rings
>>> import numpy as np
```

② 读取标准格式雷达基数据文件。

```
>>> filename=r"E:/Z_RADR_I_Z9731_20210510070930
...               _O_DOR_SAD_CAP_FMT.BIN.bz2"
>>> PRD=read_auto(filename)
```

③ 设置雷达坐标范围内 x 方向和 y 方向的范围与间距，用于计算 CR 产品。由于雷达有效探测范围是 230 km，故设置探测范围为−250~250 km。

```
>>> x1d=np.arange(-250000,250001,1000) # 数值的单位为米
>>> y1d=np.arange(-250000,250001,1000) # 数值的单位为米
```

④ 计算 CR 产品并显示。

```
>>> PRD.add_product_CR_xy(XRange=x1d,YRange=y1d)
>>> print(PRD.product)
<xarray.Dataset> Size: 2MB
Dimensions:  (x_cr: 501, y_cr: 501)
Coordinates:
  * x_cr      (x_cr) int32 2kB -250000 -249000 -248000 ... 248000 249000
250000
  * y_cr      (y_cr) int32 2kB -250000 -249000 -248000 ... 248000 249000
250000
Data variables:
    CR        (x_cr, y_cr) float64 2MB nan nan nan nan nan ... nan nan nan
nan
```

⑤ 导入相关库和模块，根据 ROSE 软件色标自定义本例绘图色标。

```
>>> from matplotlib import colors
>>> cdict=([0,172,164],[0,172,164],[192,192,254],[122,114,238],
...         [30,38,208],[166,252,168],[0,234,0],[16,146,26],
...         [252,244,100],[200,200,2],[140,140,0],[254,172,172],
...         [254,100,92],[238,2,48],[212,142,252],[170,36,250])
>>> cdict=np.array(cdict)/255.0
>>> mycmap=colors.ListedColormap(cdict,'indexed')
```

⑥ 绘制组合反射率 CR 图像（图 3.16）。

```
>>> # 生成网格
>>> grid_x, grid_y=np.meshgrid(x1d,y1d,indexing="ij")
>>> # 采用自定义色标绘图
>>> fig,ax=plt.subplots()
>>> # 设置全局字体为宋体，支持图像中使用中文标签
>>> import matplotlib as mpl
>>> mpl.rcParams['font.family']='SimSun'
>>> # 解决负号显示问题
>>> mpl.rcParams['axes.unicode_minus']=False
>>> # 画图显示 CR 产品，实用自定义色标，并用“dBZ”作为色标标签
>>> plot_xy(ax,grid_x,grid_y,PRD.product.CR,cmap=mycmap,
...     clabel="dBZ")
>>> # 在图上绘制等距圆圈
```

```
>>> add_rings(ax=ax,rings=[0,50,100,150,200,230])
>>> # 设置 x 坐标轴和 y 坐标轴标签
>>> ax.set_xlabel(" 东西方向雷达径向距离 /km",size=12,color="k")
>>> ax.set_ylabel(" 南北方向雷达径向距离 /km",size=12,color="k")
>>> plt.savefig("E:/ 图 3.16.jpg")
```

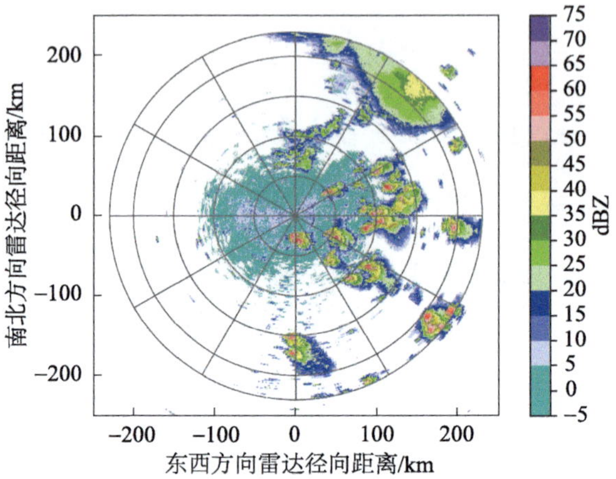

图 3.16　PyCWR 库绘制的 CR 产品图像示例

（2）PyCINRAD 计算 CR 产品

PyCINRAD 也具备利用雷达基数据文件计算组合反射率产品的功能，此处利用相同的雷达基数据文件、用同样的色标绘图。可以看出，两个库虽然本身自带的绘图函数出图布局不同，但计算组合反射率的算法差别甚小（图 3.17）。

```
>>> # 导入所需的库和模块
>>> import cinrad
>>> from cinrad.visualize import PPI
>>> import matplotlib.pyplot as plt
>>> import numpy as np
>>> # 采用 PyCINRAD 库的 read_auto 函数来读取文件
>>> f=cinrad.io.read_auto(filename)
>>> REF_list=list(f.iter_tilt(230,'REF'))
>>> # 计算 CR 产品
>>> CR=cinrad.calc.quick_cr(REF_list)
>>> # 根据 ROSE 软件色标自定义本例绘图色标
>>> from matplotlib import colors
>>> cdict=([0,172,164],[0,172,164],[192,192,254],[122,114,238],
...          [30,38,208],[166,252,168],[0,234,0],[16,146,26],
...          [252,244,100],[200,200,2],[140,140,0],[254,172,172],
```

```
...            [254,100,92],[238,2,48],[212,142,252],[170,36,250])
>>> cdict=np.array(cdict)/255.0
>>> mycmap=colors.ListedColormap(cdict,'indexed')
>>> # 绘制 CR 产品的 PPI 图像
>>> fig=PPI(CR,style="white",dpi=600,cmap=mycmap)
>>> # 绘制以雷达站为中心的同心圆圈，最外圆圈径向距离为 230km
>>> fig.plot_range_rings(230,color='black',linewidth=1.0)
>>> # 每隔 50 km 绘制一个同心圆，直到绘制到 200 km 处停止
>>> for i in [50,100,150,200]:
>>>     fig.plot_range_rings(i,color='black',linewidth=1.0)
>>> # 存储图像到指定路径
>>> fig("E:/ 图 3.17.jpg")
```

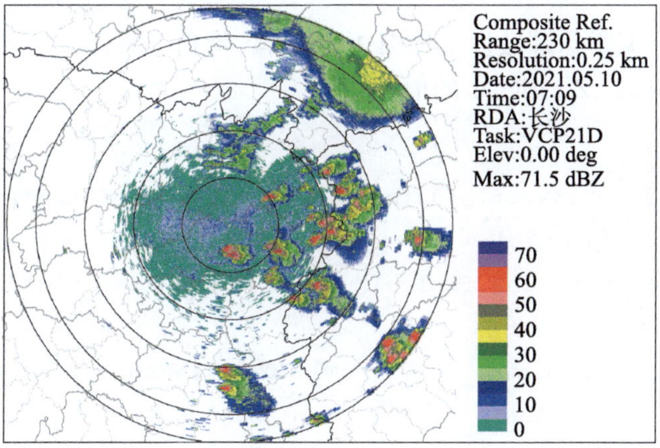

图 3.17　PyCINRAD 库绘制的 CR 产品图像示例（单位：dBZ）

3.2.3.2　计算 HCL 产品

在计算水凝物分类产品 HCL 时，PyCWR 和 PyCINRAD 所采用的方法有明显不同。PyCWR 进行水凝物分类时，依据的是双偏振雷达基数据和温度廓线，PyCINRAD 只依据了双偏振雷达基数据。以下是基于同样的双偏振雷达基数据文件应用两个工具库计算水凝物分类产品的效果对比。

（1）PyCWR 计算 HCL 产品

① 导入所需的库和模块。设置全局字体，支持图像中使用中文标签。

```
>>> from pycwr.io import read_auto
>>> from pycwr.retrieve.HID import fhc_HCL
>>> import matplotlib.pyplot as plt
>>> import numpy as np
>>> from pycwr.draw.RadarPlot import plot_xy, add_rings
```

```
>>> import pandas as pd
>>> # 设置全局字体为宋体，支持图像中使用中文标签
>>> import matplotlib as mpl
>>> mpl.rcParams['font.family']='SimSun'
>>> # 解决负号显示问题
>>> mpl.rcParams['axes.unicode_minus']=False
```

② 设置所需的双偏振雷达基数据和温度廓线文件路径，并分别进行读取。

```
>>> file=r"E:/NUIST.20150627.002438.AR2.bz2"# 基数据
>>> file_t=r"E:/20150627.csv"# 温度廓线
>>> # 分别读取雷达基数据和温度廓线文件
>>> NRadar=read_auto(file)
>>> temp=pd.read_csv(file_t,index_col=0,header=None,names=['temp'])
```

③ 指定提取双偏振雷达基数据文件第 3 层（2.4° 仰角）数据。在该层 CC 大于 0.9 的格点，提取对应的 R、K_{DP}、Z_{DR} 和 CC 的值。

```
>>> num=2
>>> R=np.where(NRadar.fields[num].CC>0.9,NRadar.fields[num].dBZ,
...            np.nan)
>>> KDP=np.where(NRadar.fields[num].CC>0.9,NRadar.fields[num].KDP,
...              np.nan)
>>> ZDR=np.where(NRadar.fields[num].CC>0.9,NRadar.fields[num].ZDR,
...              np.nan)
>>> CC=np.where(NRadar.fields[num].CC>0.9,NRadar.fields[num].CC,
...             np.nan)
```

④ 利用温度廓线数据，对第 3 层雷达仰角所在高度进行温度插值，得到该层各格点温度。

```
>>> temp_2d=np.interp(NRadar.fields[num].z.values/1000.,temp.index,
...                   temp['temp']) # 温度插值
>>> R[:,0]=np.nan
```

⑤ 利用相关基本数据产品和温度计算水凝物分类结果。

```
>>> hcl=fhc_HCL(dBZ=R,KDP=KDP,ZDR=ZDR,CC=CC,T=temp_2d)
```

⑥ 设定表达水凝物分类结果的色标刻度和色标刻度标签，并对分类结果进行图像绘制（图 3.18）。

```
>>> ticks=np.arange(1,11,1)
>>> ticklabels=['Drizzle', 'Rain', 'Ice Crystals', 'Dry Snow',
```

```
...                'Wet Snow', 'Vertical Ice',
...                'LD Graupel', 'HD Graupel', 'Hail', 'Big Drops']
>>> fig,ax = plt.subplots()
>>> plot_xy(ax,NRadar.fields[num].x,NRadar.fields[num].y,hcl,
...          cmap="CN_hcl",bounds=np.arange(0.5,10.6,1),
...          cbar_ticks=ticks,cbar_ticklabels=ticklabels)
>>> add_rings(ax=ax,rings=[0,50,100,150]) # 增加等径向距离圈
>>> ax.set_xlim([-150,150])
>>> ax.set_ylim([-150,150])
>>> ax.set_xlabel(" 东西向雷达径向距离 /km",fontsize=12)
>>> ax.set_ylabel(" 南北向雷达径向距离 /km",fontsize=12)
>>> ax.set_title("2.4 度仰角水凝物粒子分类 ",fontsize=14)
>>> plt.savefig(r"E:/ 图 3.18.jpg",dpi=600)
```

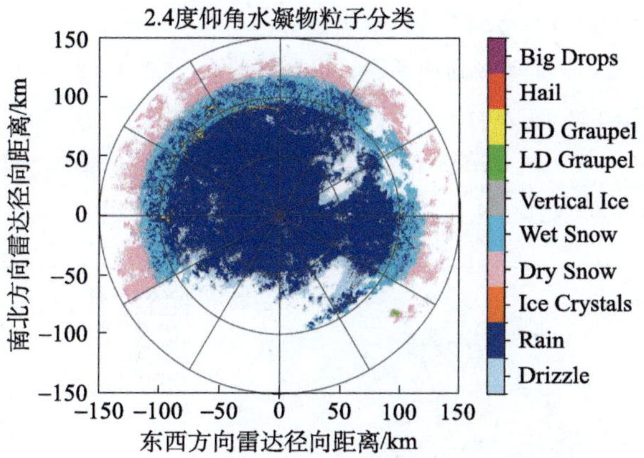

图 3.18　PyCWR 计算出的水凝物分类产品图像示例

（2）PyCINRAD 计算 HCL 产品

① 导入所需的库和模块。

```
>>> import cinrad
>>> from cinrad.visualize import PPI
>>> import matplotlib.colors as colors
```

② 读取双偏振雷达基数据文件，提取第 3 层（2.4° 仰角）的基本数据产品计算水凝物分类结果。

```
>>> file=r"E:/NUIST.20150627.002438.AR2.bz2"
>>> f=cinrad.io.read_auto(file)
>>> # 使用第 3 个仰角的基本数据产品
```

```
>>> ref=f.get_data(2,150,"REF")
>>> zdr=f.get_data(2,150,"ZDR")
>>> rho=f.get_data(2,150,"RHO")
>>> kdp=f.get_data(2,150,"KDP")
>>> # 下方"band"参数需要根据雷达电磁波波段，手动输入 S/C/X
>>> HCL=cinrad.calc.hydro_class(ref,zdr,rho,kdp,band="S")
```

③ 根据自定义色标进行 HCL 产品图像绘制（图 3.19）。

```
>>> hid_colors=['LightBlue', 'MediumBlue', 'DarkOrange', 'LightPink',
...             'Cyan', 'DarkGray', 'Lime', 'Yellow', 'Red', 'Fuchsia']
>>> hcl_cmap=colors.ListedColormap(hid_colors)
>>> fig=PPI(HCL,add_city_names=True,dpi=300,
...         style="white",cmap=hcl_cmap,nlabel=10)
>>> # 绘制 150 km 处等径向距离圈
>>> fig.plot_range_rings(150,color='black',linewidth=1.0)
>>> # 每隔 50 km 绘制一个等径向距离圈，直到绘制到 150 km 处停止
>>> for i in [50,100,150]:
>>>     fig.plot_range_rings(i,color='black',linewidth=1.0)
>>> fig("E:/ 图 3.19.jpg")
```

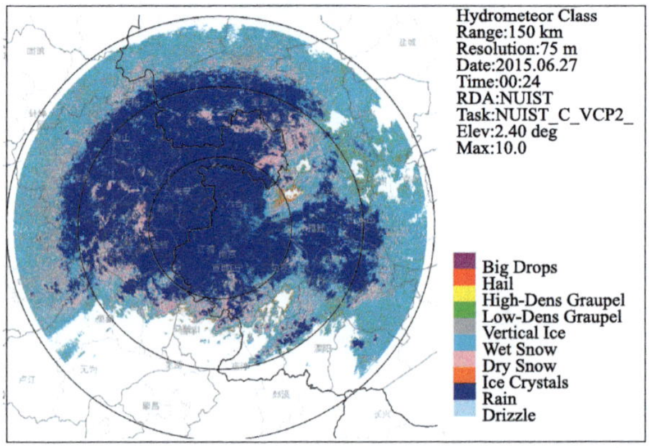

图 3.19　PyCINRAD 计算出的水凝物分类产品图像示例

3.2.3.3　计算 CAPPI 产品

PyCWR 还可以计算等高面 PPI 产品 CAPPI，只需将计算组合反射率产品程序中"PRD.add_product_CR_xy(XRange=x1d, YRange=y1d)"改为"PRD.add_product_CAPPI_xy(XRange=x1d, YRange=y1d)"即可。PyCINRAD 目前不支持计算 CAPPI，但 PyCINRAD 可以支持读取由 ROSE-RPG 软件生成的 CAPPI 产品。

3.3　Py-ART 基础应用

本节主要举例说明如何利用 PyCINRAD 相关模块将中国主流天气雷达基数据转换为适用于 Py-ART 读取的数据结构；利用 Py-ART 进行图像绘制和数据校正。可根据实际需求参考 Py-ART 应用指南 https://arm-doe.github.io/pyart/。

3.3.1　数据格式转换

① 导入所需要的库和模块。

```
>>> from cinrad.io import StandardData
>>> from cinrad.io.export import standard_data_to_pyart
```

② 利用 PyCINRAD 的 StandardData 模块读取中国 S 波段双偏振雷达标准格式基数据文件：世界时 2021 年 5 月 10 日 07 时 09 分 30 秒的标准格式基数据文件。

```
>>> f=StandardData("D:/Z_RADR_I_Z9731_20210510070930
...                  _O_DOR_SAD_CAP_FMT.BIN.bz2")
```

③ 利用 PyCINRAD 中 standard_data_to_pyart 模块将基数据转化为可供 Py-ART 应用的数据格式，并输出变量场名称。

```
>>> radar=standard_data_to_pyart(f)
>>> print(radar.fields.keys())
dict_keys(['reflectivity', 'velocity', 'spectrum_width', differential_
phase', 'differential_reflectivity', 'cross_correlation_ratio', 'specific_
differential_phase'])
```

3.3.2　在极坐标系中绘制雷达回波图像

① 导入所需要的库和模块。

```
>>> import pyart
>>> from cinrad.io import StandardData
>>> from cinrad.io.export import standard_data_to_pyart
>>> import matplotlib.pyplot as plt
```

② 利用 PyCINRAD 的 StandardData 模块读取中国 S 波段双偏振雷达标准格式基数据文件：世界时 2021 年 5 月 10 日 07 时 09 分 30 秒的标准格式基数据文件。

```
>>> f=StandardData("D:/Z_RADR_I_Z9731_20210510070930_O_
...                      DOR_SAD_CAP_FMT.BIN.bz2")
```

③ 利用 PyCINRAD 中 standard_data_to_pyart 模块将基数据转化为可供 Py-ART 应用的数据格式，并输出变量场名称，方便后续操作。

```
>>> radar=standard_data_to_pyart(f)
>>> print(radar, fields. keys())
dict_keys(['reflectivity', 'velocity', 'spectrum_width', 'differential_
phase', 'differential_reflectivity', 'cross_correlation_ratio', 'specific_
differential_phase'])
```

④ 由上一步可知，变量场包括 7 种双偏振雷达基本产品，引用产品数值的方法为 radar.fields[' 变量名 ']['data']。

```
>>> print(radar.fields['reflectivity']['data'])
[[-- -- -- ... -- -- --]
 [-- -- -- ... -- -- --]
 [-- -- -- ... -- -- 20.0]
 ...
 [-- -- -- ... -- -- --]
 [-- -- -- ... -- -- --]
 [-- -- -- ... -- -- --]]
```

⑤ 准备绘图，设置全局字体为宋体，用于绘图时支持中文标签，并解决负号显示问题。

```
>>> import matplotlib as mpl
>>> # 设置全局字体为宋体，用于绘图时支持中文标签
>>> mpl.rcParams['font.family']='SimSun'
>>> # 设置全局字体字号为 15
>>> mpl.rcParams['font.size']=15
>>> # 解决负号显示问题
>>> mpl.rcParams['axes.unicode_minus']=False
```

⑥ 用 pyart.graph.RadarDisplay 模块生成显示对象，用于后续绘制极坐标系中雷达数据图像。

```
>>> fig=plt.figure(figsize=(12,9))
>>> display=pyart.graph.RadarDisplay(radar)
```

⑦ 采用 display.plot_ppi 绘制不同仰角不同显示范围的 PPI 图像（图 3.20），支持在图像上增加等距离圈等操作。基本用法如下。

display.plot_ppi(雷达产品名（field），仰角序号（sweep），ax=ax，图像标题名（title），色标标签 (colorbar_label)，色标最小值 (vmin)，色标最大值 (vmax)，轴标签 (axislabels)，蒙版（mask_tuple），……)

参数中，“蒙版（mask_tuple）”是以 tuple 的形式说明低于给定阈值的数据值不在图像中显示。比如希望只展示≥40 dBZ 的反射率因子图像，表示为：mask_tuple=['reflectivity',40]。

绘制 4 幅子图中的第 1 幅：0.5° 仰角（序号 0）的水平反射率因子 PPI 图像。

```
>>> ax=fig.add_subplot(221)
>>> display.plot_ppi(field='reflectivity',sweep=0,
...                  ax=ax,title='(a)Reflectivity',
...                  colorbar_label='dBZ',
...                  axislabels=('','南北向雷达径向距离 /km'))
```

⑧ 绘制第 2 幅子图：1.5° 仰角（序号 2）水平反射率因子图像，色标范围为 [−5,75]，设置极坐标显示范围为−150~150 km，在径向距离 50 km、150 km 处绘制一个等距离圈。

```
>>> ax=fig.add_subplot(222)
>>> display.plot_ppi(field='reflectivity',sweep=2,
...                  ax=ax,title='(b)Reflectivity elevation=1.5',
...                  colorbar_label='dBZ',
...                  vmin=-5,vmax=75,axislabels=('',''))
>>> # 设置径向距离显示范围
>>> display.set_limits((-150,150),(-150,150),ax=ax)
>>> # 每隔 50km 绘制一个等距离圈
>>> display.plot_range_rings([50,150],ax=ax,col='k',ls='--',lw=0.5)
```

⑨ 绘制第 3 幅子图：1.5° 仰角（序号 2）水平反射率因子图像，只显示 40 dBZ 以上的回波，设置极坐标显示范围为−230~230 km，在径向距离 50 km、150 km、230 km 处绘制一个等距离圈。

```
>>> ax=fig.add_subplot(223)

>>> display.plot_ppi(field='reflectivity',sweep=2,ax=ax,
...                  mask_tuple=['reflectivity',40],
...                  title=r'(c)Reflectivity$\geq$40',
...                  colorbar_label='dBZ',
...                  axislabels=('东西向雷达径向距离 /km',
...                              '南北向雷达径向距离 /km'))
>>> display.set_limits((-230,230),(-230,230),ax=ax)
>>> display.plot_range_rings([50,150,230],ax=ax,col='k',ls='--',lw=0.5)
```

⑩ 绘制第 4 幅子图：0.5° 仰角（序号 0）相关系数图像，设置极坐标显示范围为 −230~230 km，在径向距离 50 km、150 km、230 km 处绘制一个等距离圈。

```
>>> display.plot_ppi('cross_correlation_ratio',0,ax=ax,
...                  title='Correlation Coefficient',
...                  colorbar_label='',
...                  axislabels=('东西向雷达径向距离/km',''))
>>> display.set_limits((-230,230),(-230,230),ax=ax)
>>> display.plot_range_rings([50,150,230],ax=ax,col='k',ls='--',lw=0.5)
>>> plt.tight_layout()
>>> plt.savefig(E:/图3.20.jpg,dpi=600)
```

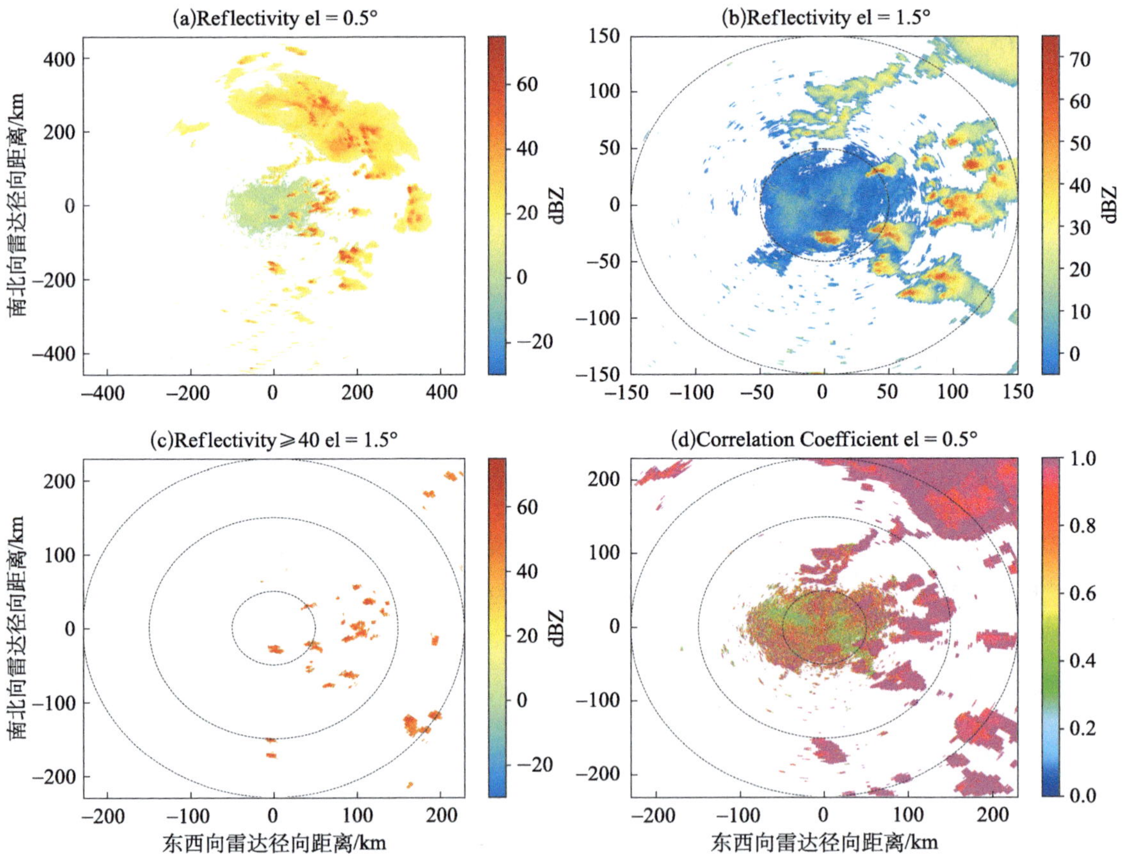

图 3.20　Py-ART 绘制极坐标系 PPT 图像示例

3.3.3　在地图上绘制雷达回波图像

① 导入所需要的库和模块，设置全局字体为 SimSun，用于绘图时支持中文标签，并解决负号显示问题。

```
>>> import pyart
>>> from cinrad.io import StandardData
>>> from cinrad.io.export import standard_data_to_pyart
>>> import matplotlib.pyplot as plt
>>> import cartopy.crs as ccrs
>>> # 设置全局字体为宋体，用于绘图时支持中文标签
>>> mpl.rcParams['font.family']='SimSun'
>>> # 设置全局字体字号为 15
>>> mpl.rcParams['font.size']=15
>>> # 解决负号显示问题
>>> mpl.rcParams['axes.unicode_minus']=False
```

② 利用 PyCINRAD 的 StandardData 模块读取中国 S 波段双偏振雷达标准格式基数据文件：世界时 2021 年 5 月 10 日 07 时 09 分 30 秒的标准格式基数据文件。

```
>>> f=StandardData("D:/Z_RADR_I_Z9731_20210510070930_O_
...                    DOR_SAD_CAP_FMT.BIN.bz2")
```

③ 利用 PyCINRAD 中 standard_data_to_pyart 模块将基数据转化为可供 Py-ART 应用的数据格式，并输出变量场名称，方便后续操作。

```
>>> radar=standard_data_to_pyart(f)
```

④ 采用 pyart.graph.RadarMapDisplay 模块生成显示对象，用于后续在地图上绘制雷达回波图像。

```
>>> display=pyart.graph.RadarMapDisplay(radar)
```

⑤ 在地图上绘制雷达回波图像，首先定义地图投影，确定地图底图、底图分辨率等，其他用法与极坐标系绘制雷达回波图像 plot_ppi() 函数一致。基本用法如下。

display.plot_ppi_map(雷达产品名（field），仰角顺序号（sweep），ax=ax，图像标题名（title），色标标签 (colorbar_label)，色标最小值 (vmin)，色标最大值 (vmax)，轴标签 (axislabels)，蒙版（mask_tuple），地图底图 (shapefile)，底图分辨率 (resolution), 地图投影 (projection),……)

其中，地图底图 shapefile 是准备好的底图，如果使用 Py-ART 的地图，直接设置底图分辨率 (resolution) 即可，resolution 有 3 种精度可供选择：10 m、50 m 和 110 m。地图投影与 cartopy 一致，支持给定经纬度信息，在地图上画点（图 3.21）。

```
>>> fig=plt.figure(figsize=(6,4),dpi=600)
>>> # 投影设置为等经纬度投影
>>> ax=fig.add_subplot(111,projection=ccrs.PlateCarree())
>>> # 选择绘制 1.5° 仰角（序号 2）的水平反射率因子 PPI 图像，画上指定纬度的网格线，
```

```
…     采用分辨率为 10m 的地图底图
>>> display.plot_ppi_map('reflectivity',2,ax=ax,title='',
…                         vmin=-5,vmax=75,
…                         lat_lines=[25,27,29,31],
…                         lon_lines=[110,112,114,116],
…                         resolution='10m',
…                         colorbar_label='反射率因子 /dBZ',
…                         projection=ccrs.PlateCarree())
>>> # 在 (112,30) 位置标注一个红色的点，标签为 "point"
>>> display.plot_point(lon=112,lat=30,symbol='ro',label_text='point')
```

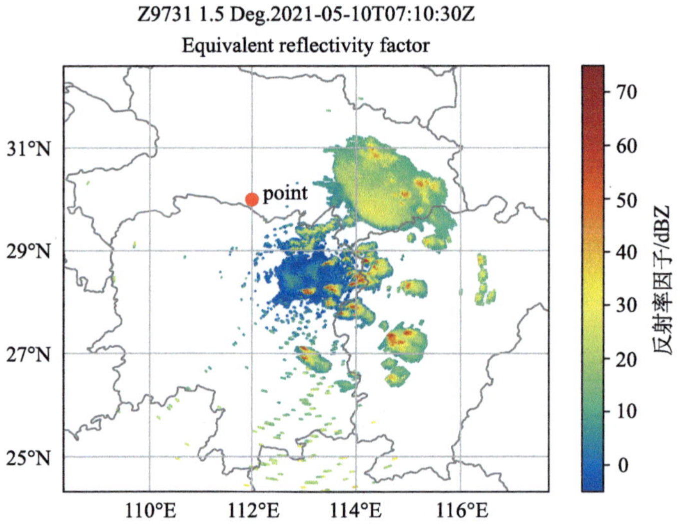

图 3.21　Py-ART 在地图上绘制雷达回波图像示例

⑥ 当雷达探测数据与其他网格数据（如智能网格预报降水数据）进行比对时，则需要先将回波图像进行网格化。首先确定在水平（x，y）和垂直（z）方向上进行网格化的范围：x 方向为 50000~150000 m、y 方向为−50000~50000 m、z 方向为 500~15000 m，设定网格分辨率为 500 m，所有数值以米为单位。

```
>>> z_grid_limits=(500.,15000.)
>>> y_grid_limits=(-50000.,50000.)
>>> x_grid_limits=(50000.,150000.)
>>> grid_resolution=500
```

⑦ 自定义函数 compute_number_of_points，计算 x、y、z 方向上格点数。

```
>>> def compute_number_of_points(extent, resolution):
>>>     return int((extent[1]-extent[0])/resolution)
```

```
>>> z_grid_points=compute_number_of_points(z_grid_limits,
…                    grid_resolution)
>>> x_grid_points=compute_number_of_points(x_grid_limits,
…                    grid_resolution)
>>> y_grid_points=compute_number_of_points(y_grid_limits,
…                    grid_resolution)
>>> print(z_grid_points,y_grid_points,x_grid_points)
29 200 200
```

⑧ 根据 x、y、z 方向上格点数和网格化范围，利用 pyart.map.grid_from_radars 模块生成网格数据并显示。

```
>>> grid = pyart.map.grid_from_radars(radar,
…               grid_shape=(z_grid_points,y_grid_points,x_grid_points),
…               grid_limits=(z_grid_limits,y_grid_limits,x_grid_limits))
>>> print(grid.fields['reflectivity']['data'][0])
[[7.444177627563477 6.568848609924316 7.270379066467285 ... -- -- --]
 [7.787077903747559 6.058966636657715 5.20979642868042 ... -- -- --]
 [9.608353614807129 6.5272111892700195 5.061720371246338 ... -- -- --]
 ...
 [1.9474895000457764 2.022655725479126 1.8950883150100708 ... -- -- --]
 [2.6439461708068848 2.4949159622192383 2.344679594039917 ... -- -- --]
 [3.60442852973938 3.311171770095825 2.7884676456451416 ... -- -- --]]
```

⑨ 利用 display.plot_grid 函数绘制网格化区域图像，并与原始图像进行对比（图 3.22）。display.plot_grid 函数基本用法如下。

display.plot_grid(雷达产品名（field），ax=ax，图像标题名（title），色标标签 (colorbar_label)，色标最小值 (vmin)，色标最大值 (vmax)，轴标签 (axislabels)，蒙版 (mask_outside)，纬度网格线 (lat_lines), 经度网格线 (lon_lines), 地图投影 (projection),……)

```
>>> # 导入后续参数中要用到的 numpy 扩展库
>>> import numpy as np
>>> fig=plt.figure(figsize=(12,4))
>>> display=pyart.graph.RadarMapDisplay(radar)
>>> ax=fig.add_subplot(121,projection=ccrs.PlateCarree())
>>> display.plot_ppi_map('reflectivity',0,ax=ax,
…                               vmin=-5,vmax=75,
…                               lat_lines=[25,27,29,31],
…                               lon_lines=[109,111,113,115,117],
…                               resolution='10m',
```

```
...                                colorbar_flag=False,
...                                title='(a) 原始图像',
...                                projection=ccrs.PlateCarree())
>>> ax=fig.add_subplot(122,projection=ccrs.PlateCarree())
>>> display=pyart.graph.GridMapDisplay(grid)
>>> display.plot_grid('reflectivity',0,ax=ax,
...                   vmin=-5, vmax=75,
...                   title='(b) 网格化图像',
...                   cmap='pyart_HomeyerRainbow',
...                   colorbar_label='反射率因子 /dBZ',
...                   lat_lines=np.array([27.9,28.18,28.46,28.73,29.01]),
...                   lon_lines=np.array([113.42,113.73,114.04,114.35,114.66]),
...                   axislabels=("",""),axislabels_flag=True,
...                   projection=ccrs.PlateCarree())
>>> plt.savefig('E:/ 图 3.22.jpg',dpi=600)
```

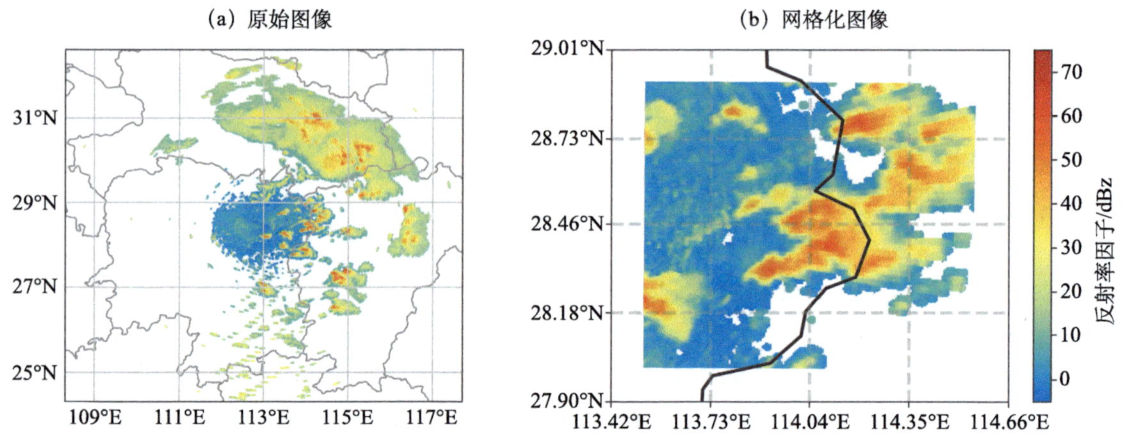

图 3.22 Py-ART 绘制雷达数据原始图像（a）与网格化图像（b）示例

3.3.4 雷达速度场校正

Py-ART 支持针对雷达基数据进行质量控制，包括反射率因子衰减订正、速度场校正等。有关雷达数据质量控制理论方面的内容，可参考相关书籍和论文。本节仅以雷达速度场校正为例介绍具体操作。

① 导入所需的库和模块，设置全局字体为宋体，用于绘图时支持中文标签，并解决负号显示问题。

```
>>> from cinrad.io import StandardData
```

```
>>> from cinrad.io.export import standard_data_to_pyart
>>> import pyart
>>> import matplotlib.pyplot as plt
>>> import matplotlib as mpl
>>> # 设置全局字体为宋体，用于绘图时支持中文标签
>>> mpl.rcParams['font.family']='SimSun'
>>> # 设置全局字体字号为 15
>>> mpl.rcParams['font.size']=15
>>> # 解决负号显示问题
>>> mpl.rcParams['axes.unicode_minus']=False
```

② 利用 PyCINRAD 的 StandardData 模块读取雷达基数据文件，利用 PyCINRAD 中 standard_data_to_pyart 模块将基数据转化为可供 Py-ART 应用的数据格式。

```
>>> f=StandardData("D:\\ NUIST.20150627.002438.AR2.bz2")
>>> radar=standard_data_to_pyart(f)
```

③ 计算最大不模糊速度，也称为奈奎斯特（Nyquist）速度。

```
>>> nyquist_velocity=radar.instrument_parameters['nyquist_velocity']
>>> nyquist_value=nyquist_velocity['data']
>>> print(nyquist_value)
[13.402569 13.402569 13.402569 13.402569 13.402569 13.402569 13.402569
 13.402569 13.402569 13.402569 13.402569 13.402569 26.805138 26.805138
 26.805138]
```

④ 计算速度场纹理，参数中最大不模糊速度采用 13.402569 m/s。

```
>>> vel_texture=pyart.retrieve.calculate_velocity_texture(radar,
...                 vel_field='velocity',nyq=nyquist_value[0])
```

⑤ 将速度场纹理添加到 radar 中，并创建一个门限过滤对象 gatefilter，使用 gatefilter 排除速度场纹理中高于 2 的值，去除可能的异常值或噪声。

```
>>> radar.add_field('texture',vel_texture,replace_existing=True)
>>> gatefilter=pyart.filters.GateFilter(radar)
>>> gatefilter.exclude_above('texture', 2)
```

⑥ 使用 pyart.correct.dealias_region_based 模块进行多普勒雷达速度去模糊处理，并将处理后的速度以“corrected_velocity”为名，添加到 radar 中。

```
>>> velocity_dealiased=pyart.correct.dealias_region_based(radar,
...                         vel_field='velocity',
```

```
...                         nyquist_vel=nyquist_value,
...                         centered=True,
...                         gatefilter=gatefilter)
>>> radar.add_field('corrected_velocity', velocity_dealiased,
...                       replace_existing=True)
```

⑦ 绘制原始速度场和去模糊后的速度场（图 3.23）。

```
>>> fig=plt.figure(figsize=[10,3.5])
>>> # 绘制第 1 幅子图：原始速度场
>>> ax=plt.subplot(121)
>>> display=pyart.graph.RadarDisplay(radar)
>>> display.plot_ppi('velocity',
...                 title='(a) 原始速度场',
...                 ax=ax,sweep=1,
...                 vmin=-17,vmax=17,
...                 colorbar_label='径向速度 /(m/s)',
...                 cmap='pyart_balance',
...                axislabels=('东西向雷达径向距离 /km','南北向雷达径向距离 /km'))
>>> display.set_limits((-150,150),(-150,150),ax=ax)
>>> display.plot_range_rings([50,100,150],ax=ax,col='k',ls='--',lw=0.5)
>>> # 绘制第 2 幅子图：去模糊后速度场
>>> ax=fig.add_subplot(122)
>>> display=pyart.graph.RadarDisplay(radar)
>>> display.plot_ppi('corrected_velocity',
...                 title='(b) 矫正速度场',
...                 sweep=1,vmin=-30,vmax=30,ax=ax,
...                 colorbar_label='径向速度 /(m/s)',
...                 cmap='pyart_balance',
...                 gatefilter=gatefilter,
...                axislabels=('东西向雷达径向距离 /km','南北向雷达径向距离 /km'))
>>> display.set_limits((-150,150),(-150,150),ax=ax)
>>> display.plot_range_rings([50,100,150],ax=ax,col='k',ls='--',lw=0.5)
>>> plt.subplots_adjust(wspace=0.3,hspace=0.3) # 调整子图之间间距
>>> plt.savefig(r"E:/ 图 3.23.jpg",dpi=600)
```

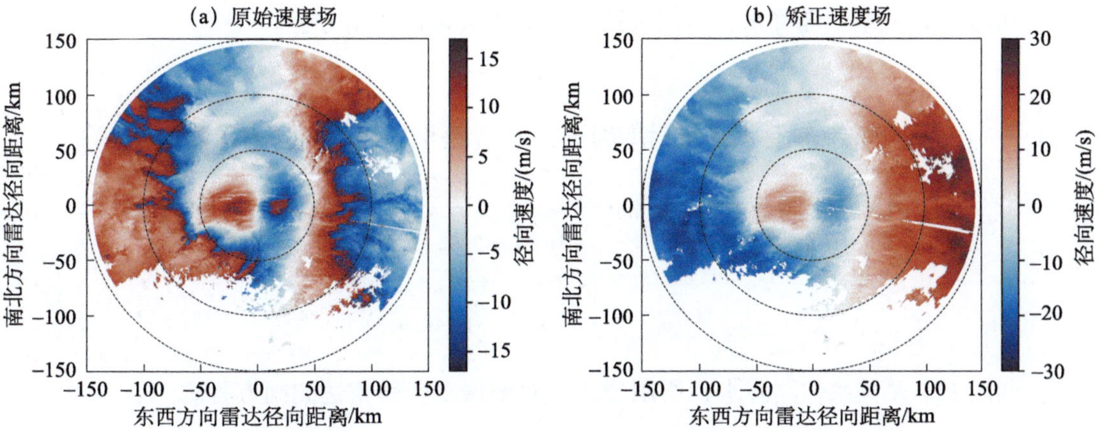

图 3.23　Py-ART 对雷达速度场去模糊前（a）和去模糊后（b）图像示例

3.3.5　雷达估测降水

Py-ART 支持对雷达数据进行反演，包括计算 CR 和 HCL 产品、反演风廓线、定量估测降水等。在雷达估测降水方面，提供了基于不同产品和公式的模块，本节列举两种方式进行对比，第 1 种是利用 Z-R 关系估测雨强，第 2 种是利用 K_{DP}-R 关系估测雨强。

① 导入所需要的库和模块，设置全局字体为宋体，用于绘图时支持中文标签，并解决负号显示问题。

```
>>> import pyart
>>> from cinrad.io import StandardData
>>> from cinrad.io.export import standard_data_to_pyart
>>> import cartopy.crs as ccrs
>>> import matplotlib.pyplot as plt
>>> # 设置全局字体为宋体，用于绘图时支持中文标签
>>> mpl.rcParams['font.family']='SimSun'
>>> # 设置全局字体字号为 15
>>> mpl.rcParams['font.size']=15
>>> # 解决负号显示问题
>>> mpl.rcParams['axes.unicode_minus']=False
```

② 利用 PyCINRAD 的 StandardData 模块读取雷达基数据文件，利用 PyCINRAD 中 standard_data_to_pyart 模块将基数据转化为可供 Py-ART 应用的数据格式。

```
>>> f=StandardData("D:\\NUIST.20150627.002438.AR2.bz2")
>>> radar=standard_data_to_pyart(f)
```

③ 利用 Z-R 关系估测降水，所用公式为常规天气雷达测雨方程。

$$R_{\mathrm{H}} = \alpha Z_{\mathrm{H}}^{\beta}$$

其中 R_{H} 是降雨率，Z_{H} 是水平反射率因子，α，β 是根据经验确立的系数。

```
>>> EST_rain_z=pyart.retrieve.est_rain_rate_z(radar,alpha=0.0376,
...                                          beta=0.6112,
...                                          refl_field=None,
...                                          rr_field=None)
```

④ 利用 K_{DP}-R 关系估测降水，所用公式为双偏振多普勒雷达测雨方程之一。

$$R_{\mathrm{DP}} = \alpha K_{\mathrm{DP}}^{\beta}$$

其中 R_{DP} 是降雨率，K_{DP} 是差分相移率，α，β 是根据经验确立的系数。

```
>>> EST_rain_kdp=pyart.retrieve.est_rain_rate_kdp(radar,alpha=None,
...                                          beta=None,kdp_field=None,
...                                          rr_field=None)
```

⑤ 将生成的两种雷达估测降水产品添加进入 radar，方便后续绘图。

```
>>> radar.add_field('est_rain_z',EST_rain_z,replace_existing=True)
>>> radar.add_field('est_rain_kdp',EST_rain_kdp,replace_existing=True)
```

⑥ 采用 pyart.graph.RadarMapDisplay 模块生成显示对象，用于后续在地图上绘制雷达回波图像。

```
>>> display=pyart.graph.RadarMapDisplay(radar)
```

⑦ 绘制关于两种雷达估测降水产品的两幅子图（图 3.24），比对发现利用 K_{DP} 计算得到的雨强相比利用 Z_{H} 计算的雨强更强。值得注意的是，这是直接用基数据来估测雨强，一般正常流程应该是先进行衰减订正，再进行雨强估测。

```
>>> fig=plt.figure(figsize=(12,3))
>>> # 绘制第 1 幅子图，采用 min_lon，max_lon，min_lat，max_lat 选定地图范围
>>> ax=fig.add_subplot(121,projection=ccrs.PlateCarree())
>>> display.plot_ppi_map('est_rain_z',0,ax=ax,
...                      title=r'(a) 利用$Z_{H}$产品估测降水',
...                      vmin=0,vmax=70,
...                      min_lon=117,max_lon=121,
...                      min_lat=30,max_lat=34,
...                      resolution='10m',
...                      colorbar_flag=True,
```

```
...                      colorbar_label='雷达估测雨强 /(mm/h)',
...                      cmap='pyart_HomeyerRainbow',
...                      projection=ccrs.PlateCarree())
>>> # 绘制第 2 幅子图
>>> ax=fig.add_subplot(122,projection=ccrs.PlateCarree())
>>> display.plot_ppi_map('est_rain_kdp',0,ax=ax,
...                      title=r'(b) 利用$K_{DP}$产品估测降水',
...                      vmin=0,vmax=70,
...                      min_lon=117,max_lon=121,
...                      min_lat=30,max_lat=34,
...                      resolution='10m',
...                      colorbar_flag=True,
...                      colorbar_label='雷达估测雨强 /(mm/h)',
...                      cmap='pyart_HomeyerRainbow',
...                      projection=ccrs.PlateCarree())
...                      plt.subplots_adjust(wspace=0.2, hspace=0.3)
>>> plt.savefig(r"E:/3.24.jpg", dpi=600)
```

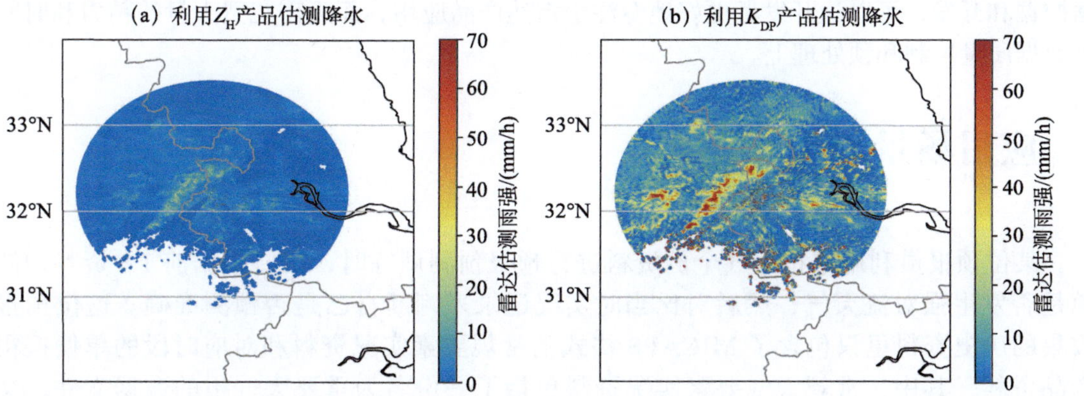

图 3.24　Py-ART 利用 Z_H 产品（a）和利用 K_{DP} 产品（b）绘制雷达估测降水图像示例

第 4 章　雷达产品数据开发实例——基于冰雹场景的雷达产品数据开发

前 3 章介绍了雷达产品开发的常用工具库和基本注意事项，第 4 章将展示基于特定场景中的雷达产品数据开发实例。学习本章内容，需要提前了解的知识包括：

①强对流天气基础知识；

②雷达气象学基础知识；

③ Python 语言基本应用。

第 4 章主要呈现基于 PyCINRAD 的雷达产品数据开发算法设计。相比较而言，PyCWR 和 Py-ART 主要用于雷达基数据处理，PyCINRAD 更好地支持了有关多种雷达二次产品的数据挖掘和开发，可以让开发者更好地专注于雷达产品应用，而无需花费大量的精力和时间在基数据质量控制和预处理上。

应用场景

某位预报员利用冰雹天气个例资料进行预报预测训练时，需要根据前 1 h 资料预测某地是否发生强对流天气，然后对比当时实况记录来判断自己是否预测准确。这位预报员收集的历史资料里只包含了 MICAPS 格式的常规要素实况资料和对应时段的单偏振雷达产品资料，其中，常规天气要素实况资料包括了一份名为重要天气报的数据文件，文件以编码形式每隔 3 h 记录 1 次国家级地面气象观测站过去 3 h 里发生的重要天气（如冰雹等强对流天气）。

实况记录的时间分辨率为 3 h，预报训练需要的时间分辨率为 1 h。两者存在时间分辨率不对等的问题，需要提升冰雹实况记录的时空分辨率来满足预报员复盘分析的需求。

解决方案

利用我国已经积累多年的高时空分辨率单偏振雷达产品数据和其他观测数据，结合冰雹监测预警指标（孙继松 等，2014），提升冰雹记录的精细化程度。具体方案如下。

（1）明确采用单偏振雷达产品判定国家级地面气象观测站出现强冰雹的指标

判定满足以下条件之一的国家级地面气象观测站出现强冰雹（简称“冰雹站”）：

①重要天气报中该国家站有直径超过 20 mm 的冰雹记录；

②邻近雷达基本反射率因子 *R* 产品显示≥55 dBZ 强回波扩展到−20 ℃等温线高度以上（出现高悬强回波）；

③邻近雷达组合反射率 CR 产品出现≥65 dBZ 强回波；

④邻近雷达基本反射率因子 *R* 产品显示出现三体散射特征。

此处所称邻近雷达，是指国家级地面气象观测站位于该雷达的有效探测范围之内，即 20~230 km。

（2）根据不同指标进行不同的专题方案设计和代码编写

①构建雷达产品阈值自动提取算法实现对前 3 个指标的查找，专题方案设计和代码编写详见 4.1 节。

②构建雷达回波图像自动识别算法查找第 4 个指标，专题方案设计和代码编写详见 4.2 节。

技术路线

雷达产品判定强冰雹天气技术路线如图 4.1 所示。

举一反三

本场景应用方案还可举一反三解决相关问题，包括但不限于以下。

①很长时间以来，冰雹实况的获得仅依赖国家级地面气象观测站的人工观测，无法捕捉到站点之外的冰雹灾情，导致冰雹历史灾情时空分辨率低，无法为强冰雹的监测预警提供重要的气候背景场，无法形成更精细的冰雹灾害风险区划。

②随着互联网、智能手机和融媒体的发展，越来越多的地区开始了站点之外的冰雹灾情收集与上报工作。但这些收集到的信息往往是残缺的，时空定位、冰雹大小、持续时长等信息都无法保证可信度和全面性，需要采用高时空分辨率的雷达产品数据辨明真伪。

4.1　雷达产品阈值自动提取实例

本节主要内容：基于新一代天气雷达产品冰雹预警指标，在强对流天气个例中查找到冰雹个例，再精确定位到出现冰雹的国家级地面气象观测站（以下简称为“冰雹站”）和时间。

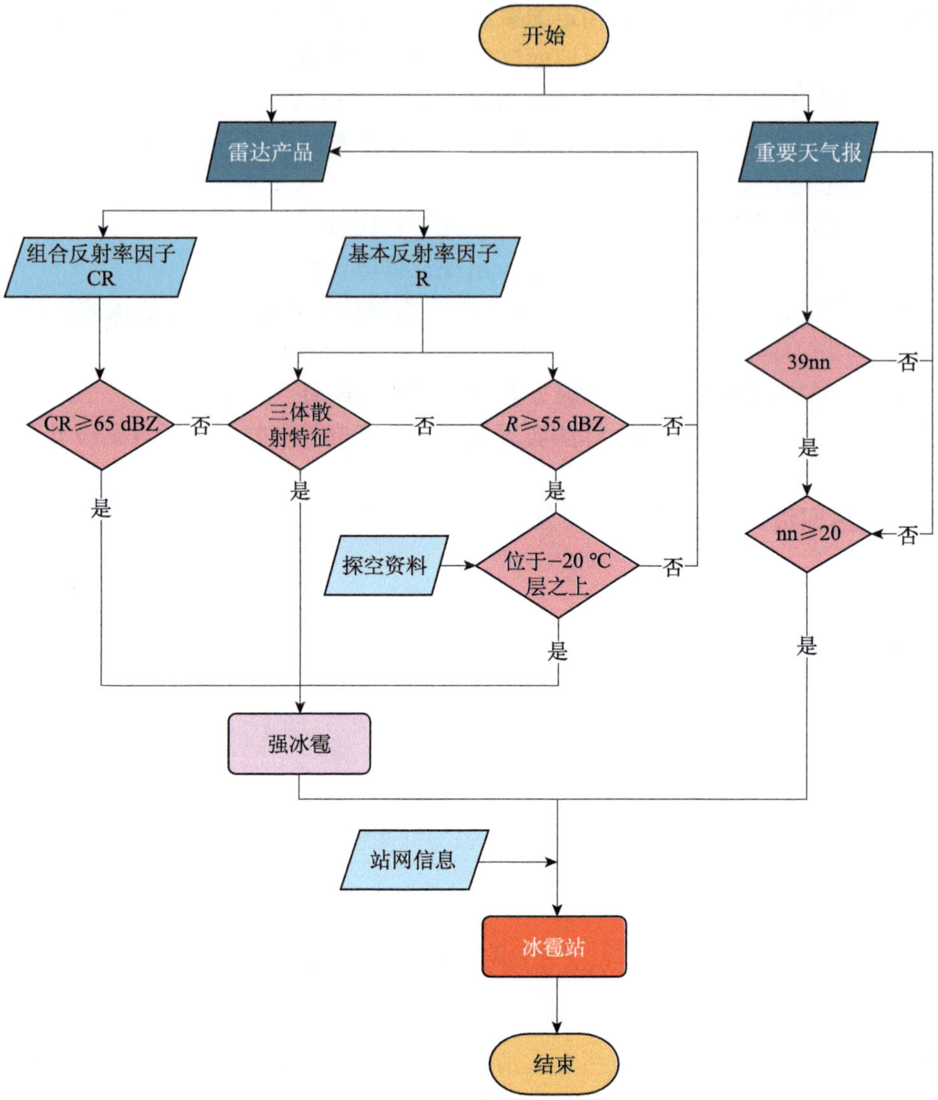

图 4.1　雷达产品判定强冰雹天气技术路线
（nn 表示冰雹直径，单位为 mm）

4.1.1　雷达产品数据处理概述

4.1.1.1　数据处理个例资料介绍

本节所用强对流个例资料包括地面观测、高空观测和雷达产品资料。其中，雷达产品资料包含基本反射率 *R*、组合反射率 CR、基本速度 *V*、回波顶高 ET、垂直累积液态含水量 VIL 等，均由旧版本的 CINRAD-RPG 转换而成。数据处理主要用到的是基本反射率 *R* 和组合反射率 CR 两类产品。

强对流个例雷达资料按照强对流发生日期存放，以日期命名文件夹，日期文件夹下包含以雷达站号命名的站号文件夹，在每个雷达站号文件下包含数个雷达产品类型文件夹，产品类型文件夹中再包含产品编号文件夹，编号文件夹下为产品文件，如图 4.2。

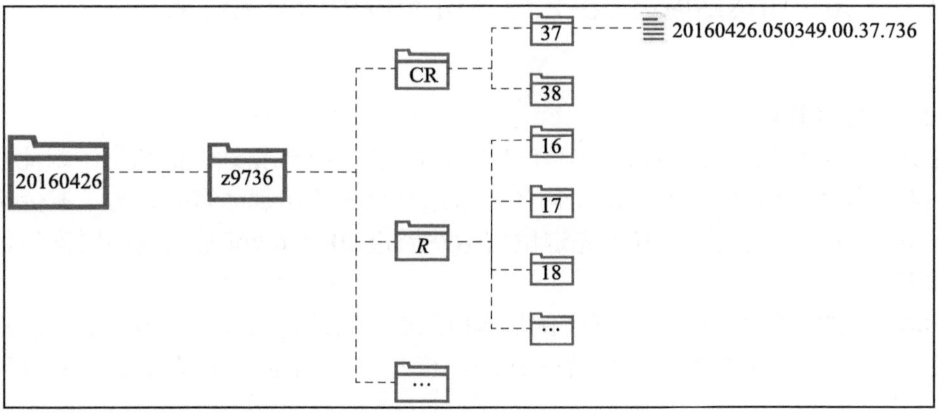

图 4.2　包含冰雹天气过程的强对流个例中雷达产品文件结构示意图

4.1.1.2　数据处理思路

查找长时间序列雷达产品数据中出现了冰雹站。具体思路如下。

①整理全国新一代天气雷达站（以下简称“雷达站”）信息，包括雷达站站名、型号、经度和纬度等，保存为 Excel 文件“雷达站信息表 .xlsx”。

②整理全国国家级地面气象观测站（以下简称“国家站”）信息，包括国家站站名、站号、经度和纬度等，保存为 Excel 文件“国家站信息表 .xlsx”。

③整理所收集到的强对流个例资料信息，包括强对流发生时间、发生地区、相关雷达等，保存为 Excel 文件“强对流天气个例基本信息表 .xlsx”。

④基于上述 3 个文件，生成强对流相关雷达站有效探测范围内（20~230 km）国家站信息，包含站名和站点经纬度等，每部雷达相关的国家站信息储存在以雷达命名的 Excel 工作表，保存在统一的 Excel 工作簿内。这样操作的好处是在后续数据处理中，可有效减少遍历国家站的次数，提高程序运行速率。

⑤根据大冰雹特征指标：“邻近雷达组合反射率 CR 产品出现≥65 dBZ 强回波”，遍历雷达组合反射率因子 CR（37 号）产品，在雷达有效探测范围内查找≥65 dBZ 强回波位置，提取与其相距不超过 5 km 的国家站确定为冰雹站。

⑥根据大冰雹特征指标：“邻近雷达基本反射率因子产品显示≥55 dBZ 强回波扩展到−20 ℃等温线高度以上（出现高悬强回波）”，首先遍历雷达组合反射率因子 CR（37 号）产品，结合距离雷达站最近的高空观测站温度对数压力数据（*T*-ln*p*），计算−20 ℃层高度；在基本反射率因子 *R*（19 号）产品中提取−20 ℃层高度以上≥55 dBZ 强回波的位置，将强回波位置 5 km 范围内的国家站确定为冰雹站。

⑦根据大冰雹特征指标：“重要天气报中该国家站有直径超过 20 mm 的冰雹记录”，读取重要天气报数据，根据冰雹电码 39nn（nn 表示冰雹直径，单位为 mm）查找冰雹站，根

据邻近雷达同时段的组合反射率因子 CR（37 号）产品，将冰雹时间分辨率由原来的 3 h 提升至 1 h。

4.1.2 定位雷达站周边 20~230 km 范围内国家站信息

4.1.2.1 技术路线

考虑到一个强对流天气个例资料中有可能包含了多部天气雷达产品数据，因此在确认每一部雷达有效探测范围（20~230 km）内的国家站站点是否出现冰雹时，为了避免遍历全国 2000 多个国家气象观测站，最好事先定位雷达站周边 20~230 km 范围内的国家站信息。具体流程如下。

①读取事先准备好的强对流天气个例基本信息表、雷达站信息表和国家站信息表。

②根据强对流天气个例信息和雷达站经纬度信息，确定所有强对流个例用到的雷达站点。

③利用强对流个例雷达站信息和国家站信息，查找每一部雷达 20~230 km 范围内国家站站点信息，包括站点名称、站号、经度、纬度。每部雷达有效范围内的国家站信息以 Excel 工作表形式存储，并以雷达名称命名，统一保存在一个 Excel 工作簿内。

4.1.2.2 实现步骤

①导入所需要的库。

```
>>> import math
>>> from math import pi
>>> import pandas as pd
```

②读取强对流天气个例基本信息。将强对流天气个例基本信息读入到数据框 radarsite_df 中，可通过参数 usecols 读取需要的列。强对流天气个例基本信息表中只读取“DT”和“RadarSites”2 列。

```
>>> radarsite_df=pd.read_excel(r"E:\casetest\ 强对流天气个例基本信息表 .xlsx",
…                                   sheet_name='Sheet1',usecols=[0,5])
>>> print(radarsite_df.head(2))
     DT      RadarSites
0  20160308     黄山；安庆
1  20160320     永州；郴州
```

③读取雷达站信息。将雷达站信息读入到数据框 allradarsite_df 中，可通过参数 usecols 读取需要的列。其中，雷达站信息表中读取“site”“number”“name”“longitude”和“latitude”5 列。

```
>>> allradarsite_df=pd.read_excel(r"E:\casetest\ 雷达站信息表 .xlsx",
…                                        sheet_name='全部站点',
```

```
...                                    usecols=[0,1,2,12,13])
>>> print(allradarsite_df.head(2))
  site    number     name     longitude    latitude
0  蚌埠     Z9552      蚌埠       117.448      32.918
1  阜阳     Z9558      阜阳       115.741      32.879
```

④读取国家站信息。将国家站信息分别读入到数据框 stationsite_df 中，可通过参数 usecols 读取需要的列。其中，国家站站点信息表中读取“name”“number”“latitude”和“longitude”4 列。

```
>>> stationsite_df=pd.read_excel(r"E:\casetest\ 国家站信息表 .xlsx",
...                                  sheet_name='getSurfEleByTime',
...                                  usecols=[0,1,2,3])
>>> print(stationsite_df.head(2))
  name   number  latitude  longitude
0  临泉    58107     32.91      115.26
1  亳州    58102     33.79      115.74
```

⑤定义空数据框 con_rsite_df，用于存储强对流个例关联的雷达站信息。

```
>>> con_rsite_df=pd.DataFrame(columns=[])
```

⑥提取雷达站经纬度信息。将强对流天气个例基本信息与雷达站信息关联，提取强对流个例中涉及的雷达站经纬度信息，保存到一个 Excel 文件。

```
>>> for cs in radarsite_df['RadarSites']:
>>>         # 当有多部雷达时，雷达站名是用 ; 号隔开，需要提取 ; 号前后的雷达名字
>>>         if ';'in cs:
>>>             csites=str.split(cs,';')
>>>             for consite in csites:
>>>                 # 查找强对流天气个例中涉及到的雷达站信息，存储到 con_rsite_df 中
>>>                 con_rsite_df=con_rsite_df._append(allradarsite_df
...                     [allradarsite_df['site'].isin([consite])])
>>>         else:
>>>             # 只有 1 部雷达时，直接提取雷达信息
>>>             consite=cs
>>>             con_rsite_df=con_rsite_df._append(allradarsite_df[
...                 allradarsite_df['site'].isin([consite])])
>>> # 存为 excel 文件
>>> con_rsite_df.to_excel("E:/casetest/ 强对流个例雷达站信息表 .xlsx")
>>> print(con_rsite_df.head(2))
```

```
  site number name    longitude      latitude
3  黄山  Z9559  黄山     118.165        30.138
55 安庆  Z9556  安庆     116.473        30.617
```

⑦自定义函数 rad，函数功能是将度转化为弧度。

```
>>> def rad(d):
>>>     return d*pi/180.0
```

⑧自定义函数 getDistance，函数功能是计算两个经纬度站点之间的距离。

```
>>> def getDistance(lat1,lon1,lat2,lon2):
>>>      """
>>>      输入：两个点的经纬度坐标（lat1,lon1）和（lat2,lon2）
>>>      输出：s(float)：两点之间的距离
>>>      """
>>>      EARTH_REDIUS=6378.137
>>>      a=rad(Lat1)-rad(Lat2)
>>>      b=rad(lng1)-rad(lng2)
>>>      s=2*math.asin(math.sqrt(math.pow(math.sin(a/2),2)
...        +math.cos(radLat1)*math.cos(radLat2)
...        *math.pow(math.sin(b/2),2)))
>>>      s=s*EARTH_REDIUS
>>>      return s
```

⑨创建一个空的 Excel 文件“强对流雷达站 20~230 km 内国家站 .xlsx”，便于后续将相关信息写入 Excel 文件中。

```
>>> nan_excel=pd.DataFrame(columns=[])
>>> nan_excel.to_excel("E:/casetest/ 强对流雷达站 20-230km 内国家站 .xlsx")
>>> # 打开 excel
>>> writer=pd.ExcelWriter("E:/casetest/ 强对流雷达站 20-230km 内国家站 .xlsx")
```

⑩根据生成的强对流天气个例雷达站信息表，在国家站信息表中查询距离每一部雷达 20~230 km 的国家站站点，并存入以该雷达站命名的 Excel 工作表。

```
>>> # 第一步先遍历每一个雷达站，得到雷达站经纬度
>>> for i in range(len(con_rsite_df)):
>>>     cs150site_df=pd.DataFrame(columns=[])
>>>     radlon=con_rsite_df['longitude'].iloc[i]
>>>     radlat=con_rsite_df['latitude'].iloc[i]
>>>     # 第二步遍历国家站站点，得到国家站经纬度
```

```
>>>     for j in range(len(stationsite_df)):
>>>         satlon=stationsite_df['longitude'].iloc[j]
>>>         satlat=stationsite_df['latitude'].iloc[j]
>>>         # 雷达站与国家站之间的距离
>>>         rsdist=getDistance(radlat,radlon,satlat,satlon)
>>>         if (rsdist<=230 and rsdist>=20):
>>>             cs150site_df=cs150site_df._append(
...                                 stationsite_df.iloc[j])
>>>     # 每一部雷达周围 20~230km 范围内国家站信息存为一个工作表
>>>     cs150site_df.to_excel(writer,sheet_name=
...                         con_rsite_df['name'].iloc[i])
>>> # 保存工作表
>>> writer._save()
```

4.1.3　查找出现大于或等于 65 dBZ 强回波的国家站

4.1.3.1　技术路线

①遍历强对流天气个例资料中每部雷达的组合反射率因子 CR（37 号）产品，查找≥65 dBZ 强回波位置。

②在雷达有效探测范围内查找与≥65 dBZ 强回波位置相距不超过 5 km 的国家站，确定该站为冰雹站，保存到 Excel 文件中。

4.1.3.2 实现步骤

①导入所需的库。

```
>>> import numpy as np
>>> import pandas as pd
>>> import math
>>> from math import pi
>>> from cinrad.io import PUP
>>> import os
```

②自定义函数 rad，函数功能是将度转化为弧度。

```
>>> EARTH_REDIUS=6378.137
>>> def rad(d):
>>>     return d*pi/180.0
```

③自定义函数 getDistance，函数功能是计算两个经纬度站点之间的距离。

```
>>> def getDistance(lat1,lon1,lat2,lon2):
>>>     """
>>>     输入：两个点的经纬度坐标（lat1,lon1）和（lat2,lon2）
>>>     输出：s(float)：两点之间的距离
>>>     """
>>>     a=rad(lat1)-rad(lat2)
>>>     b=rad(lng1)-rad(lng2)
>>>     # 已知经纬度，计算距离，单位是 km
>>>     s=2*math.asin(math.sqrt(math.pow(math.sin(a/2),2)
…          +math.cos(rad(lat1))*math.cos(rad(lat2))
…          *math.pow(math.sin(b/2),2)))
>>>     s=s*EARTH_REDIUS
>>>     return s
```

④自定义函数 get_65dBZ_site。函数处理雷达数据，获取强回波经度、纬度和雷达站点名称。

```
>>> def get_65dBZ_site(RadFile):
>>>     """
>>>     输入：雷达数据文件路径 RadFile
>>>     输出：经度、纬度和站点名称
>>>     """
>>>     # 用 PUP 函数读取雷达产品（CINRAD—PUP 产品）。
>>>     f=PUP(RadFile)
>>>     data=f.get_data()
>>>     # 提取组合反射率因子产品 CR 数值矩阵
>>>     CR=data.CR.values
>>>     # 如果 CR 矩阵中非 NaN 值的最大值≥65dBZ，则提取强回波经纬度信息
>>>     if len(CR[~np.isnan(CR)])>0:
>>>         CR_m=np.nanmax(CR)
>>>         if CR_m>=65:
>>>             crm65_site=np.where(CR>=65)    # CR≥65dBZ 强回波索引
>>>             latvalue=data.latitude.values     # 雷达产品纬度值
>>>             lonvalue=data.longitude.values    # 雷达产品经度值
>>>             lat65=latvalue[crm65_site[0]]     # ≥65dBZ 强回波纬度
>>>             lon65=lonvalue[crm65_site[1]]     # ≥65dBZ 强回波经度
>>>             return lat65, lon65, data.site_name
>>>         else:
```

```
>>>                 return None, None, None
>>>         else:
>>>             return None, None, None
```

⑤自定义函数 get_cr65_5km_station，筛选距离≥65 dBZ 强回波 5 km 范围内的国家站信息。

```
>>> def get_cr65_5km_station(lat65,lon65,rad_sta_site,
...                            fname,rad_name):
>>>     """
>>>     输入:
>>>     lat65,lon65(float): ≥ 65dBZ 强回波的纬度和经度
>>>     rad_sta_site(DataFrame): 雷达有效探测范围内的国家站信息数据框
>>>     输出:
>>>     cr65_5km_s(DataFrame): 符合条件的国家站信息
>>>     """
>>>     cr65_5km_s=pd.DataFrame(columns=['日期','时间','雷达站','国家站',
...                                       '经度','纬度'])
>>>     # 循环读取每一个≥65dBZ 强回波的经纬度值
>>>     for i in range(len(lat65)):
>>>         crlon65=lon65[i]
>>>         crlat65=lat65[i]
>>>         # 雷达有效探测范围内国家站经纬度信息，计算与强回波之间的距离
>>>         for j in range(len(rad_sta_site)):
>>>             satlon=rad_sta_site['longitude'].iloc[j]
>>>             satlat=rad_sta_site['latitude'].iloc[j]
>>>             rsdist=getDistance(crlat65,crlon65,satlat,satlon)
>>>             # 如果国家站点与强回波之间距离≤5km，则将日期时间和国家站信息
...               存入 cr65_5km_s 数据框
>>>             if rsdist<=5:
>>>                 line={'日期': fname[0:8],
...                       '时间': fname[9:15],
...                       '雷达站': rad_name,
...                       '国家站': rad_sta_site['站名'].iloc[j],
...                       '经度': satlon,
...                       '纬度': satlat}
>>>                 cr65_5km_s=cr65_5km_s._append(line,
...                                   ignore_index=True)
>>>         # 只保留数据框中重复行的第一行，其他重复行删除
```

```
>>>         cr65_5km_s=cr65_5km_s.drop_duplicates(keep='first')
>>>         return cr65_5km_s
```

⑥主程序：遍历指定路径下所有雷达组合反射率因子数据，提取雷达回波中≥65 dBZ格点 5 km 内国家站站点信息，并保存至指定 Excel 表格文件。

```
>>> # 给出强对流天气个例雷达资料组合反射率因子 37 号产品路径
>>> rad_path='E:/casetest/20160614/Z9311/CR/37/'
>>> cr65_5km_df=pd.DataFrame(columns=['日期','时间','雷达站','国家站',
…                                   '经度','纬度'])
>>> files=os.listdir(rad_path)
>>> for filename in files:
>>>     if 'ProductIndex' not in filename:
>>>         # pfile 为完整路径下的产品文件名
>>>         pfile=rad_path+'/'+filename
>>>         # 提取≥65dBZ 强回波的经纬度和雷达站名称
>>>         lat_65,lon_65,rad_sitename=get_65dBZ_site(pfile)
>>>         if lat_65 is not None and lon_65 is not None:
>>>             rad_and_sta=pd.read_excel("E:/casetest/
…                                   强对流雷达站 20-230km 内国家站 .xlsx",
…                                   sheet_name=rad_sitename)
>>>             cr65_5kmstation=get_cr65_5km_station(lat_65,lon_65,
…                                   rad_and_sta,filename,rad_sitename)
>>>             cr65_5km_df=cr65_5km_df._append(cr65_5kmstation,
…                                 ignore_index=True)
>>> print(cr65_5km_df.head(2))
      日期       时间     雷达站    国家站      经度     纬度
0  20160614  091801  石家庄    任县     114.70  37.13
1  20160614  093000  石家庄    平乡     115.03  37.07
```

4.1.4 查找高悬强回波附近的国家站

4.1.4.1 技术路线

①找特定高空站。根据强对流个例发生时间，查找与强对流天气个例中雷达最邻近的高空站，并找到该高空站在雷达产品文件时间之前最临近的探空资料。

②查找特定高空站的−20 ℃层对应的大气压强。提取探空资料中的温度 T（℃）和大气压强 p（hPa），查找−20 ℃对应的大气压强，或利用线性插值的方式计算出−20 ℃对应的大气压强。

③根据大气压强计算−20 ℃层高度。利用气压−高度公式推导得到高度差 ΔZ 与 Δp 之间

的关系式，结合实际−20 ℃层结附近的探空资料，计算−20 ℃层大气压强对应的高度，得到−20 ℃层高度。

$$-\frac{\Delta z}{\Delta p}=\frac{R_d T}{pg}\approx 8000\frac{(1+\alpha t)}{p}$$

式中：R_d 为干空气比气体常数 287 J/（kg · K）；g 为重力加速度 9.8 m/s^2；T 是热力学温度（单位为 K）；α 为 1/273.15；t 是摄氏温度。

④遍历强对流天气个例雷达基本反射率 R 产品，查找−20 ℃层高度以上≥55 dBZ 的回波及其位置。

⑤确定步骤④得到的强回波位置 5 km 以内的国家地面观测站出现冰雹现象。

4.1.4.2 实现步骤

①导入所需的库。

```
>>> import numpy as np
>>> import pandas as pd
>>> from cinrad.io import PUP
>>> from scipy import interpolate
>>> import math
>>> from math import pi
>>> import os
>>> import datetime
>>> import glob
```

②自定义函数 rad，将角度转化为弧度。

```
>>> EARTH_REDIUS=6378.137
>>> def rad(d):
>>>     return d*pi/180.0
```

③自定义函数 getDistance，计算两个经纬度站点之间的距离，单位为 km。

```
>>> def getDistance(lat1,lon1,lat2,lon2):
>>>     """
>>>     输入：两个点的经纬度坐标 (lat1,lon1) 和 (lat2,lon2)
>>>     输出：s(float)：两点之间的距离
>>>     """
>>>     a=rad(lat1)-rad(lat2)
>>>     b=rad(lon1)-rad(lon2)
>>>     # 已知经纬度，计算距离，单位是 km
>>>     s=2*math.asin(math.sqrt(math.pow(math.sin(a/2),2)
…          +math.cos(rad(lat1)) *math.cos(rad(lat2))
```

```
…           *math.pow(math.sin(b/2),2)))
>>>     s=s*EARTH_REDIUS
>>>     return s
```

④自定义函数 find_approaching_tlogps，查找到与雷达产品文件时间最临近的高空站文件。

```
>>> def find_approaching_tlogps(radfile_time,tlogps_path):
>>>     """
>>>     输入:
>>>     radfile_time(str): 雷达产品文件名中的时间，YYYYmmddHHMMSS
>>>     tlogps_path(str): 所有 tlogp 文件所在的路径
>>>     输出:
>>>     tlogps(list): 与雷达产品文件时间最邻近的高空站文件列表
>>>     """
>>>     # 雷达日期时间，世界时间
>>>     rad_time=datetime.datetime.strptime(radfile_time,'%Y%m%d%H%M%S')
>>>     # 雷达日期时间，转化为北京时间
>>>     bj_radt=rad_time+datetime.timedelta(hours=8)
>>>     tlogpfiles=os.listdir(tlogps_path)    #tlogp 文件路径
>>>     tlogps=[]
>>>     for t in tlogpfiles:
>>>         # 探空资料时间，北京时
>>>         tl=datetime.datetime.strptime(t[0:8],'%y%m%d%H')
>>>         # 探空时间比雷达时间早 12 小时之内
>>>         if (bj_radt-tl).days<1 and ((bj_radt-tl).seconds)/3600<12:
>>>             # 选定探空资料时间
>>>             tlogpdt_str=tl.strftime('%Y%m%d%H')
>>>             # 探空资料完整路径
>>>             tpf=tlogps_path+tlogpdt_str[2:10]+'.000'
>>>             tlogps+=[tpf]
>>>     return tlogps
```

⑤自定义函数 read_tlogp，读取最临近时刻的探空站 T-ln$p$ 资料，筛选出中国区域高空站资料后，根据雷达站经纬度，找到雷达站最邻近高空站，筛选出该高空站无 9999 标识符的层结数据。

```
>>> def read_tlogp(tp_path,rlat,rlon):
>>>     """
>>>     输入:
>>>     tp_path(str): 要读取的 tlogp 文件路径
```

```
>>>     rlat(float)：雷达站纬度
>>>     rlon(float)：雷达站经度
>>>     输出：
>>>     PZTno9999(array)：包含压强 P，高度 Z 和温度 T 且无 9999 的层结数据
>>>     xt(array)：层结数据中的温度 T
>>>     yp(array)：层结数据中的压强 P
>>>     """
>>>     # 打开 tlogp 文件
>>>     with open(tp_path,"r",encoding="utf-8",errors="ignore") as tf:
>>>         # 一次性整行读取文件
>>>         tpfile=tf.readlines()[2:len(tf.readlines())-1]
>>>         tpresults=[]
>>>         tpresults1=pd.DataFrame(columns=['站号','经度','纬度',
...                                '高空站与雷达站距离','数据行数'])
>>>         for line in tpfile:
>>>             # 以空格进行分割每行
>>>             tpline=line.split()
>>>             # 查找中国区域高空站："5" 开头
>>>             if float(tpline[0])>=50000 and float(tpline[0])<60000:
>>>                 tpresults.append(tpline)
>>>         for ts in range(len(tpresults)):
>>>             hlon=float(tpresults[ts][1]) # 高空站经度
>>>             hlat=float(tpresults[ts][2]) # 高空站纬度
>>>             # 高空站与雷达站距离
>>>             hsdist=getDistance(rlat,rlon,hlat,hlon)
>>>             # 将高空站相关信息存入数据框，按照高空站与雷达站距离进行升序排序
>>>             tpresults1=tpresults1._append({
...                 '站号':tpresults[ts][0],
...                 '经度':hlon,'纬度':hlat,'距离':hsdist,
...                 '数据行数':int(int(tpresults[ts][4])/6)},
...                 ignore_index=True)
>>>         tpresults2=tpresults1.sort_values(by='距离',axis=0,
...                                            ascending=True)
>>>         # 利用离雷达站最近高空站适合时间文件资料进行 -20 ℃层高度求解时，
...          有可能会碰到最近的高空站探测高度较低，无法较好地进行计算，
...          则选择距离第二近的高空站资料进行计算
>>>         for h in(0,1,2):
>>>             hsta_want=tpresults2['站号'].iloc[h]
```

```
>>>             want_linenum=tpresults2['数据行数'].iloc[h]
>>>             # 根据 tpfile 的数据格式读取指定高度站的层结数据
>>>             for lnum in range(len(tpfile)):
>>>                 tpline=tpfile[lnum].split()
>>>                 if tpline[0]==hsta_want:
>>>                     start_lnum=lnum+1
>>>                     PZT=[]            # 原始层结数据，压强 P，高度 Z 和温度 T
>>>                     PZTno9999=[]    # 不包含 9999 值的层结数据
>>>                     for line in tpfile[start_lnum:
…                               start_lnum+want_linenum]:
>>>                         tkline=line.split()
>>>                         PZT.append(tkline[0:3])
>>>                         if tkline[1]!='9999':
>>>                             PZTno9999.append(tkline[0:3])
>>>             # 温度
>>>             xt=np.array([float(PZT[n][2]) for n in range(len(PZT))])
>>>             # 压强
>>>             yp=np.array([float(PZT[n][0]) for n inrange(len(PZT))])
>>>             if yp.min()<=400:   # 如果压强最小值小于 400hPa，则跳出循环
>>>                 break
>>>         return PZTno9999,xt,yp
```

⑥自定义函数 get_height，输入包含压强、高度和温度的 T-ln$p$ 层结数据，先查找到实际温度层结数据中−20 ℃附近的温度值和压强值，再应用压高公式求解−20 ℃层高度。

```
>>> def get_height(pzt_no9999,Xt,Yp):
>>>     """
>>>     输入:
>>>     pzt_no9999(array): 包含压强 P、高度 Z、温度 T 的层结数据，删除 39999 所在行
>>>     Xt(list): 层结数据中的温度值
>>>     Yp(list): 层结数据中的气压值
>>>     输出:
>>>     Z2: -20℃层高度，单位为 km
>>>     """
>>>     temprature=-20
>>>     #如果原始温度层结包含-20℃，则直接选用对应的压强值，如果不包含，用插值法求解
>>>     if temprature in Xt:
>>>         pnew=Yp[np.where(Xt==temprature)][0]
>>>     else:
```

```
>>>          fpz=interpolate.interp1d(Xt,Yp,kind='linear',
…            fill_value="extrapolate")
>>>          # 求得 -20℃对应的压强值 pnew
>>>          pnew=fpz(temprature)
>>>      # 将压强 P，高度 Z 和温度 T 作为 3 个不同的列表
>>>      P_list=[float(pzt_no9999[n][0]) for n in range(len(pzt_no9999))]
>>>      Z_list=[float(pzt_no9999[n][1]) for n in range(len(pzt_no9999))]
>>>      T_list=[float(pzt_no9999[n][2]) for n in range(len(pzt_no9999))]
>>>      # 求出距离 -20℃对应的压强值最邻近的原始压强值索引
>>>      p_pnewabs=abs(P_list-pnew)
>>>      pmin=min(p_pnewabs)
>>>      pminindex=np.where(p_pnewabs==pmin)
>>>      # 根据 -20℃压强值、最邻近实际温度值和高度值，利用公式求解 -20℃层高度
>>>      Z1=Z_list[pminindex[0][0]]
>>>      tv=(T_list[pminindex[0][0]]+temprature)/2
>>>      p1=P_list[pminindex[0][0]]
>>>      Z2=Z1*10+8000*(1+1/273*tv)*math.log(p1/pnew)
>>>      #Z2 单位为位势高度，与几何高度数值上相近
>>>      Z2=Z2/1000    # 换算为 km
>>>      return Z2
```

⑦自定义函数 echo_site，在基本反射率因子 R 产品文件中找到在−20 ℃层高度之上≥x dBZ 强回波的经纬度位置。此处应用的一个知识点是：对于基本反射率因子产品，当某个格点的雷达径向距离值越大时，其所在高度就越高。因此指定某个高度之上的位置，相当于是指定某个雷达径向距离之外的位置。

```
>>> def echo_site(r_file,h,x):
>>>      """
>>>      输入:
>>>      r_file(str): 基本反射率产品文件路径
>>>      h(float): -20℃层高度
>>>      x(float): 指定强回波阈值，如 55 (dBZ)
>>>      输出:
>>>      lon_x,lat_x: -20℃层高度之上≥x (dBZ) 的所有格点经纬度
>>>      """
>>>      fR=PUP(r_file)
>>>      radarsite_lon=fR.stationlon
>>>      radarsite_lat=fR.stationlat
>>>      el0=fR.el      # 高度角
```

```
>>>     az=fR.az       # 方位角
>>>     rng=fR.rng    # 径向距离
>>>     ref=fR.data
>>>     rng0=h/np.tan(np.deg2rad(el0))
>>>     rngindex=np.where(rng>=rng0)
>>>     lon_x=[]
>>>     lat_x=[]
>>>     if rng0<=rng[-1]:
>>>         # 根据-20 ℃层高度裁切该高度以上的反射率因子
>>>         ref_clip=ref[:,rngindex[0]]
>>>         # 裁切之后的反射率因子最大值是否有大于x(dBZ)的
>>>         rcl=ref_clip[~np.isnan(ref_clip)]
>>>         if rcl.shape[0]>=1:
>>>             rm=np.nanmax(ref_clip)
>>>             if rm>=x:
>>>                 ref_x_site=np.where(ref_clip>=x)
>>>                 lat_x=np.zeros(len(ref_x_site[0]))
>>>                 lon_x=np.zeros(len(ref_x_site[0]))
>>>                 # 回波大于xdbz格点的方位角
>>>                 az_x=az[ref_x_site[0]]
>>>                 # 回波大于xdbz格点径向距离
>>>                 rng_x=rng[ref_x_site[1]+rngindex[0][0]]
>>>                 Ea=6.371e3
>>>                 dy=2*Ea*np.pi/360
>>>                 # 根据雷达极坐标系中方位角和径向距离计算每一个格点的经纬度
>>>                 k=0
>>>                 for a,r in zip(az_x,rng_x):
>>>                         xlocs=r*np.sin(a)
>>>                         ylocs=r*np.cos(a)
>>>                         lat_x[k]=radarsite_lat+ylocs/dy
>>>                         dx=np.cos(np.deg2rad(lat_x[k]))*dy
>>>                         lon_x[k]=radarsite_lon+xlocs/dx
>>>                         k+=1
>>>     return lon_x,lat_x
```

⑧自定义函数 find_stations，根据 4.1.2 节生成的雷达站周边国家站点信息文件、雷达站名称、雷达产品文件时间信息、强回波经纬度和−20 ℃层高度，查找出−20 ℃层之上强回波附近国家站。

```
>>> def find_stations(rad_sta_path,rad_site_name,rad_time,
...                    lon55,lat55,height_20):
>>>     """
>>>     输入:
>>>     rad_sta_path(str): 4.1.2 节生成的雷达站周边 20~230km 内
...                          国家站信息文件路径
>>>     rad_site_name(str): 雷达站名称
>>>     rad_time(str): 雷达产品文件的时间
>>>     lon55(float):≥55dBZ 强回波格点的经度
>>>     lat55(float): ≥55dBZ 强回波格点的纬度
>>>     height_20(float): -20℃层高度
>>>     输出:
>>>     ref55_station(DataFrame): -20℃层高度之上强回波附近的国家站点信息
>>>     """
>>>     ref55_station=pd.DataFrame(columns=['时间','雷达站','国家站',
...                    '国家站经度','国家站纬度','-20 ℃层高度'])
>>>     radar_sta_site=pd.read_excel(rad_sta_path,
...                    sheet_name=rad_site_name,usecols=[1,2,3,4])
>>>     for i in range(len(lat55)):
>>>         reflon55=lon55[i]
>>>         reflat55=lat55[i]
>>>         for j in range(len(radar_sta_site)):
>>>             satlon=radar_sta_site['longitude'].iloc[j]
>>>             satlat=radar_sta_site['latitude'].iloc[j]
>>>             rsdist=getDistance(reflat55,reflon55,satlat,satlon)
>>>             if rsdist<=5:
>>>                 ref55_station=ref55_station._append({'时间':rad_time,
...                 '雷达站':rad_site_name,
...                 '国家站':radar_sta_site['站名'].iloc[j],
...                 '国家站经度':radar_sta_site['longitude'].iloc[j],
...                 '国家站纬度':radar_sta_site['latitude'].iloc[j],
...                 '-20℃层高度':height_20},ignore_index=True)
>>>     ref55_station.drop_duplicates(keep='first') # 去重
>>>     return ref55_station
```

⑨自定义函数 R_of_CR，根据组合反射率因子 CR 文件路径，查找同时间的基本反射率因子 *R* 文件路径。做这一步的目的是提升查找效率，如果组合反射率产品 CR 文件中出现了≥55 dBZ 的强回波，才去查找基本反射率因子 *R* 产品。

```
>>> def Rfiles_of_CRsametime(CRfiledir):
>>>     """
>>>     输入:
>>>     CRfiledir(str): 组合反射率 CR 产品文件路径
>>>     输出:
>>>     Rfiles(str): 与 CR 文件同时间的基本反射率 R 产品文件
>>>     """
>>>     Rfiledir=CRfiledir.replace('/CR/','/R/').
...             replace('.37.','.19.').replace('/37/','/19/').
...             replace('.00.','.0*.')
>>>     Rfiles=glob.glob(Rfiledir)
>>>     return Rfiles
```

⑩主程序：以 2017 年 7 月 9 日强对流个例的雷达资料和探空资料为例，结合 4.1.2 节生成的雷达站 20~230 km 内国家站信息文件，提取−20 ℃层高度上≥55 dBZ 强回波附近的国家地面观测站站点信息。

```
>>> RAD_station_path='E:/casetest/强对流雷达站 20—230km 内国家站.xlsx'
>>> rad_path='E:/20170709/radar/z9317/CR/37/'
>>> tp_path='E:/casetest/tlogp/'
>>> the_55dbz_sta=pd.DataFrame(columns=['时间','雷达站','国家站',
...                 '国家站经度','国家站纬度','-20 ℃层高度'])
>>> for filename in os.listdir(rad_path):
>>>     #37 号产品文件夹下有一个索引文件为 ProductIndex, 不需要读取
>>>     if 'ProductIndex' not in filename:
>>>         radate=filename[0:8]
>>>         ratime=filename[9:15]
>>>         rad_DT=radate+ratime  #雷达日期，字符串格式
>>>         try:
>>>            fcr=PUP(rad_path+filename)
>>>            rad_site_lon=fcr.stationlon   #雷达站经度
>>>            rad_site_lat=fcr.stationlat   #雷达站纬度
>>>            rad_name=fcr.name        #雷达站名称
>>>            cr_data=fcr.get_data().CR.values
>>>            if np.nanmax(cr_data)>=55:
>>>                approaching_tp=
...                         find_approaching_tlogps(rad_DT,tp_path)[0]
>>>                P_Z_T,x_T,y_P=read_tlogp(approaching_tp,
...                               rad_site_lat,rad_site_lon)
```

```
>>>              H_20=get_height(P_Z_T,x_T,y_P)
>>>              ref_files=Rfiles_of_CRsametime(rad_path+filename)
>>>              for r in ref_files:
>>>                  lons_55,lats_55=echo_site(r,H_20,55)
>>>                  ref_55_sta_df=find_stations(RAD_station_path,
...                                  rad_name,rad_DT,lons_55,lats_55,H_20)
>>>                  the_55dbz_sta=pd.concat([the_55dbz_sta,
...                                  ref_55_sta_df])
>>>          except Exception as e:
>>>              print(e)
>>> the_55dbz_sta=the_55dbz_sta.drop_duplicates()
>>> print(the_55dbz_sta)
          时间          雷达站  国家站    国家站经度    国家站纬度    -20 ℃层高度
0  20170709091200   沧州   石家庄     114.40      38.02         7.48
0  20170709110000   沧州    望都      115.11      38.70         7.48
4  20170709110000   沧州    顺平      115.16      38.91         7.48
0  20170709110601   沧州    望都      115.11      38.70         7.48
4  20170709110601   沧州    满城      115.32      38.93         7.48
0  20170709111201   沧州    望都      115.11      38.70         7.48
0  20170709111800   沧州    保定      115.48      38.73         7.48
0  20170709112400   沧州    保定      115.48      38.73         7.48
0  20170709113600   沧州    保定      115.48      38.73         7.48
```

4.1.5 查找重要天气报中出现大冰雹的国家站

4.1.5.1 技术路线

①利用地面观测资料中时间分辨率为 3 h 的重要天气报资料，根据冰雹电码 39nn（nn 表示冰雹直径，单位为 mm）查找出现冰雹记录的国家站。

②结合同时段组合反射率因子 CR 产品，将出现大冰雹（冰雹直径超过 20 mm）纪录的时间分辨率由 3 h 提升到 1 h，保存到制定 Excel 文件中。

4.1.5.2 实现步骤

①导入所需的库。

```
>>> import pandas as pd
>>> from cinrad.io import PUP
>>> import numpy as np
>>> import math
```

```
>>> from math import pi
>>> import os
>>> import datetime
```

②自定义函数 getDistance，已知地球上两个点的经纬度，计算两点之间的距离。

```
>>> def getDistance(lat1,lon1,lat2,lon2):
>>>     """
>>>     输入:
>>>     lat1,lon1(float): 第 1 个点的纬度和经度
>>>     lat2,lon2(float): 第 2 个点的纬度和经度
>>>     输出:
>>>     s(float): 两点之间距离
>>>     """
>>>     EARTH_REDIUS=6378.137
>>>     radLat1=lat1*pi/180.0
>>>     radLat2=lat2*pi/180.0
>>>     radlng1=lon1*pi/180.0
>>>     radlng2=lon2*pi/180.0
>>>     a=radLat1-radLat2
>>>     b=radlon1-radlon2
>>>     s=2*math.asin(math.sqrt(math.pow(math.sin(a/2),2) +
...       math.cos(radLat1)*math.cos(radLat2)*math.pow(math.sin(b/2),2)))
>>>     s=s*EARTH_REDIUS
>>>     return s
```

③自定义函数 read_sp_hail，用于读取重要天气报中的冰雹记录（39nn）。

```
>>> def read_sp_hail(spfdir,spf):
>>>     """
>>>     输入:
>>>     spfdir(str): 重要天气报路径
>>>     spf(str): 重要天气报文件名称
>>>     输出:
>>>     sp_df(DataFrame): 包含冰雹记录的数据框
>>>     """
>>>     sp_df=pd.DataFrame(columns=['日期','时间','站号',
...                                 '经度','纬度','冰雹直径'])
>>>     sp_res=[]
>>>     # 打开特殊天气报文件
```

```
>>>     with open(spfdir,"r",encoding="utf-8",errors="ignore") as sf:
>>>        spfile=sf.readlines()[2:len(sf.readlines())-1]
>>>        for sline in spfile:
>>>           spline=sline.split()
>>>           # 查找中国国家站区站号信息
>>>           if float(spline[0])>=50000 and float(spline[0])<60000:
>>>              sp_res.append(spline)
>>>        # 读取重要天气报中39开头冰雹实况
>>>        for hline in sp_res:
>>>            if hline[4][0:2]=='39':
>>>                sp_df=sp_df._append({'日期':'20'+spf[0:6],
...                        '时间':spf[6:8],'站号':hline[0],
...                        '经度':hline[1],'纬度':hline[2],
...                        '冰雹直径':float(hline[4][2:4])},
...                        ignore_index=True)
>>>     return sp_df
```

④自定义函数 hail_xkm_dBZ，输入重要天气报资料中有冰雹记录的国家站经纬度，查找以站点为中心指定半径范围内组合反射率 CR 的最大值。

```
>>> def hail_xkm_dBZ(fcr,stalon,stalat,radius):
>>>     """
>>>     输入：
>>>     fcr：雷达产品文件数据
>>>     stalon,stalat(float)：有冰雹记录的站点经度和纬度
>>>     radius(float)：指定正方形范围的边长
>>>     输出：
>>>     fcrmax(float)：指定区域内最大反射率因子
>>>     """
>>>     flat=fcr.lat  # 雷达站纬度
>>>     flon=fcr.lon  # 雷达站经度
>>>     # 正方形区域的经纬度起始值和终止值
>>>     flon_left=stalon-radius*0.009     # 起始经度
>>>     flon_right=stalon+radius*0.009    # 终止经度
>>>     flat_up=stalat+radius*0.009        # 起始纬度
>>>     flat_low=stalat-radius*0.009     # 终止纬度
>>>     lonleft_id=(np.abs(flon[0,:]-flon_left)).argmin()     # 起始经度索引
>>>     lonright_id=(np.abs(flon[0,:]-flon_right)).argmin()  # 终止经度索引
>>>     latup_id=(np.abs(flat[:,0]-flat_up)).argmin()        # 起始纬度索引
```

```
>>>     latlow_id=(np.abs(flat[:,0]-flat_low)).argmin()         # 终止纬度索引
>>>     # 针对雷达产品数据，按照经纬度索引进行切割
>>>     fdata=fcr.get_data().CR
>>>     fcrclip=fdata[latup_id:latlow_id,lonleft_id:lonright_id]
>>>     # 求得切割后雷达组合反射率因子 CR 的最大值
>>>     fcrmax=np.nanmax(fcrclip)
>>>     return fcrmax
```

⑤自定义函数 radfile_to_bjtime。考虑到雷达文件用世界时命名，而冰雹记录时间是北京时，该函数用于将两者的时区进行统一，得出冰雹记录时间和雷达文件时间的时间差，为后续计算做准备。

```
>>> def radfile_to_bjtime(filename,hail_record_time):
>>>     """
>>>     输入:
>>>     filename(str): 雷达产品文件名
>>>     hail_record_time(str): 出现冰雹记录的时间
>>>     输出:
>>>     dt_beijing_str(str): 雷达产品文件对应的北京时间
>>>     delta_seconds(float): 雷达产品与冰雹记录之间的时间差（秒数）
>>>     """
>>>     # 将冰雹记录时间由字符串转换为时间 datetime 格式
>>>     sphailtime=datetime.datetime.strptime(hail_record_time,
...                 '%Y%m%d%H')
>>>     fwt=str(filename[9:11]) # 雷达产品文件中的小时
>>>     # 将雷达产品文件名转换为世界时
>>>     wdt=datetime.datetime.strptime(str(filename[0:8])+fwt,'%Y%m%d%H')
>>>     # 将雷达产品世界时转换为北京时
>>>     dt_beijing=wdt+datetime.timedelta(hours=8)
>>>     dt_beijing_str=dt_beijing.strftime('%Y%m%d%H')
>>>     # 计算冰雹记录时间和雷达产品文件时间的秒数差
>>>     delta_seconds=(sphailtime-dt_beijing).total_seconds()
>>>     return dt_beijing_str,delta_seconds
```

⑥自定义函数 hail_radpro_df，用于找出冰雹站的邻近雷达，并给出冰雹站指定范围内雷达反射率因子 R 的最大值，整理为一个数据框输出。

```
>>> def hail_radpro_df(CR_path,CR_file,hailrecord):
>>>     """
>>>     输入:
```

```
>>>     CR_path(str): 雷达组合反射率 CR 产品路径
>>>     CR_file(str): 雷达组合反射率 CR 产品文件名
>>>     hailrecord(DataFrame): 重要天气报中原始冰雹记录数据框
>>>     输出:
>>>     con_hail_hour(DataFrame): 包含邻近雷达信息，最大 R 值的冰雹记录数据框
>>>     """
>>>     f=PUP(CR_path+CR_file)
>>>     radarname=f.name
>>>     radarsite_lon=f.stationlon
>>>     radarsite_lat=f.stationlat
>>>     data=f.get_data()
>>>     cr=data.CR.values
>>>     con_hail_hour=pd.DataFrame(columns=['时间',
...                                 '冰雹站附近最大 dBZ',
...                                 '冰雹站站号','经度','纬度',
...                                 '冰雹直径','雷达站'])
>>>     if len(cr[~np.isnan(cr)])>0:
>>>       # 计算目标雷达站与同时间冰雹站是否在雷达探测范围内（此处取 230km）
>>>       for i in range(len(hailrecord)):
>>>          haillon=float(hailrecord['经度'].iloc[i])
>>>          haillat=float(hailrecord['纬度'].iloc[i])
>>>          # 计算冰雹站与雷达站之间的距离
>>>          haradis=getDistance(radarsite_lat,radarsite_lon,
...                              haillat,haillon)
>>>          # 计算雷达产品北京时间和冰雹记录与雷达产品的时间差
>>>          hail_record_time=str(hailrecord['日期'].iloc[i])+
...                           str(hailrecord['时间'].iloc[i])
>>>          BJ_time,deltat=radfile_to_bjtime(CR_file,hail_record_time)
>>>          # 当冰雹站与雷达站之间距离在 20~230 km 之间
>>>          if (haradis<=230 and haradis>=20):
>>>          # 当冰雹记录与雷达产品时间差在 0~3 h 之内
>>>            if deltat/3600<=3 and deltat/3600>0:
>>>              # 计算以冰雹站为中心，边长 30km 的正方形区域 CR 最大值
>>>              hsta_cr_max=hail_xkm_dBZ(f,haillon,haillat,30)
>>>              con_hail_hour=con_hail_hour._append({'时间':BJ_time,
...              '冰雹站附近最大 dBZ':hsta_cr_max,
...              '冰雹站站号':hailrecord['站号'].iloc[i],
...              '经度':hailrecord['经度'].iloc[i],
```

```
...                  '纬度':hailrecord['纬度'].iloc[i],
...                  '冰雹直径':hailrecord['冰雹直径'].iloc[i],
...                  '雷达站':radarname},ignore_index=True)
>>>     return con_hail_hour
```

⑦主程序：以 2016 年 6 月 14 日强对流个例为例，查找当天重要天气报中出现冰雹记录的国家站（定义为冰雹站），并根据相关雷达 CR 产品，找到冰雹站附近 30 km 区域内反射率因子 *R* 的最大值及其出现的时间，定义为冰雹出现的时刻，将冰雹记录由 3 h 精确到 1 h。

```
>>> specialpath='E:/casetest/special20160614/'  # 特殊天气报文件路径
>>> sp_files=os.listdir(specialpath)
>>> sp_hail_record=pd.DataFrame(columns=['日期','时间','站号',
...                  '经度','纬度','冰雹直径'])
>>> # 获得当天所有重要天气报中冰雹记录
>>> for f_sp in sp_files:
>>>   sp_hail_record=pd.concat([sp_hail_record,
...                  read_sp_hail(specialpath+f_sp,f_sp)])
>>> rad_path='E:/casetest/20160614/Z9311/CR/37/' # 雷达产品文件路径
>>> rad_files=os.listdir(rad_path)
>>> # hail_hourly是用于存储冰雹记录相关信息的数据框
>>> hail_hourly=pd.DataFrame(columns=['时间','冰雹站附近最大dBZ',
...                  '冰雹站站号','经度','纬度','冰雹直径','雷达站'])
>>> # bighail_hourly是用于存储冰雹记录相关信息最强反射率因子的数据框
>>> bighail_hourly=pd.DataFrame(columns=['时间','冰雹站附近最大dBZ',
...                  '冰雹站站号','经度','纬度','冰雹直径','雷达站'])
>>> for f_cr in rad_files:
>>>      if 'ProductIndex' not in f_cr:
>>>         try:
>>>             hail_hourly=pd.concat([hail_hourly,
...                          hail_radpro_df(rad_path,
...                          f_cr,sp_hail_record)])
>>>         except Exception as e:
>>>            print(e)
>>> if len(hail_hourly)>0:
>>>     bighail_hourly=bighail_hourly._append(
...                      hail_hourly[hail_hourly['冰雹站附近最大dBZ']
...                      ==np.nanmax(hail_hourly['冰雹站附近最大dBZ'])])
>>> print(bighail_hourly.drop_duplicates()) #去重后显示
```

	时间	冰雹站附近最大 dBZ	冰雹站站号	经度	纬度	冰雹直径	雷达站
0	2016061417	65.0	53883	114.70	37.13	40.0	石家庄

4.2 雷达回波图像识别算法构建实例

本节主要内容：基于机器学习方法，在多个冰雹个例单偏振雷达产品数据中自动识别冰雹预警指标中的三体散射长钉特征。该方法源自孟蕾等（2024）所做的研究。

4.2.1 三体散射回波特征介绍

4.2.1.1 三体散射回波特征基本原理

三体散射长钉（Three-body Scatter Spike，TBSS）是多普勒天气雷达预警大冰雹的重要回波图像之一，它是出现在强回波中心径向向外位置的窄带状弱回波（Lemon，1998）。众多学者研究表明：TBSS 是 S 波段雷达预警强冰雹（冰雹直径≥20 mm）的充分非必要条件（朱敏华 等，2006；廖玉芳 等，2007；郭艳，2010）。

TBSS形成原理（Zrnić，1987）见图4.3，图中A为雷达站位置，C为冰雹粒子位置。在一个脉冲时间段内，当电磁波由雷达 A 出发到达冰雹粒子 C 时，电磁波被冰雹粒子向四周散射，后向散射回到雷达 A 的电磁波记为信号 E1，在雷达回波图像上显示为“强回波中心 C”。还有一部分电磁波到达地面，被地面进行第 2 次散射，其中一部分电磁波回到冰雹粒子 C，被冰雹粒子进行第 3 次散射，其中被散射回到雷达 A 的电磁波记为信号 E2。根据雷达测距原理（张培昌 等，2001），经历了 3 次物体散射后回到雷达的信号 E2 被雷达记录为一个与冰雹粒子 C 同径向方向，但径向距离更远的目标物所引起的回波，该目标物非真实存在，该回波即为 TBSS，是虚假回波。

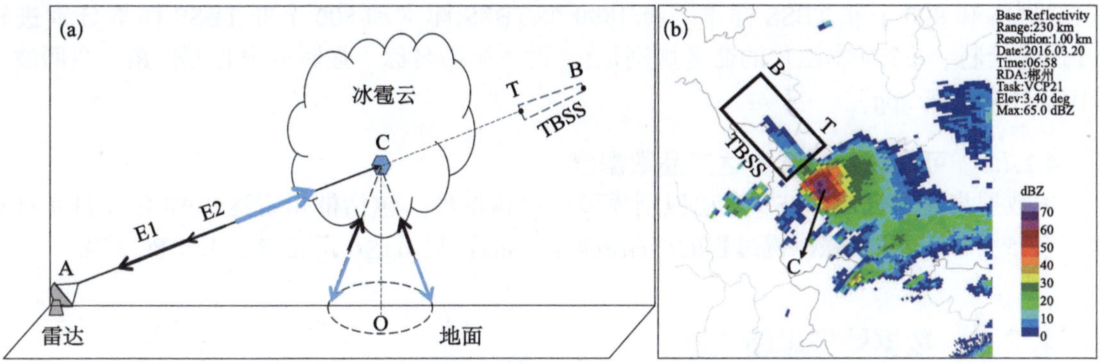

图 4.3 三体散射特征成因示意图 (a) 与雷达回波图像（b）

4.2.1.2 TBSS 客观判定标准

TBSS 强度判定标准：根据 Lemon（1998）对 TBSS 基本反射率因子 PPI 图像描述和统计指标（Lemon，1998；Lindley et al.，2007；廖玉芳 等，2010；何炳伟 等，2018；王晓君 等，2014），TBSS 的强度判定标准可量化为：一种出现在≥ 60 dBZ 强回波中心径向向外延伸方向、回波强度≤20 dBZ 的窄带状回波。

TBSS 长度判定标准：如图 4.3 所示，强回波中心起始端为 T，终点端为窄带状回波即将消失的位置 B。当强回波中心可见，但其径向方向为真实降水回波时，不可辨识出 TBSS，认为无 TBSS。当 TBSS 被真实降水回波部分遮挡时，① TBSS 起始端 T 被遮挡，终点端 B 可见，则 TB=AB−AT；② TBSS 起始端 T 被遮挡，终点端 B 也被遮挡，径向方向上真实降水回波离雷达最近的点记为 G，TB=AG−AT。

4.2.2 雷达产品数据介绍

4.2.2.1 初始雷达产品数据资料

2016—2020 年，中国中东部地区 47 个强对流天气个例 50 部 S 波段多普勒天气雷达基本反射率因子 R（19 号）产品 PPI 图像资料。其中 SA 型雷达 43 部，SB 型雷达 7 部，包含 0.5°、1.5°、2.4° 和 3.4° 等 4 个仰角的产品文件，雷达基本反射率因子最低显示阈值为−5 dBZ。本数据集雷达产品是 CINRAD−RPG 产品。

4.2.2.2 TBSS 样本和非 TBSS 样本图像集

预报员根据初始雷达产品数据资料进行 TBSS 样本和非 TBSS 样本的人工判识，判识依据为：①雷达产品图像上出现了≥60 dBZ 的强回波中心，且符合 TBSS 判定标准，判识为 TBSS 样本；②雷达产品图像上出现了≥60 dBZ 的强回波中心，但不符合 TBSS 判定标准，判识为非 TBSS 样本；③如果一幅 PPI 图像上，有多个≥60 dBZ 的强回波中心，则对多个强回波中心进行 TBSS 判识，判识为不同的样本；④如果不能清晰判识为 TBSS 样本或非 TBSS 样本，则既不归属为 TBSS 样本，也不归属于非 TBSS 样本。人工判识出 1800 个 TBSS 样本和 800 个非 TBSS 样本。将 1800 个 TBSS 样本和 800 个非 TBSS 样本分别进行 PPI 图像绘制，每个样本图片的命名规则是："雷达产品名称 _ 强回波中心方位角 _ 强回波中心雷达径向距离 .jpg"。

4.2.2.3 可移植性测试雷达产品数据集

本数据集用来测试 TBSS 自动识别模型的可移植性，包括郴州雷达 2018 年 3 月 4 日和 2021 年 5 月 11 日两次强冰雹过程的产品数据。本数据集雷达产品是 ROSE−RPG 产品。

4.2.3 数据处理思路

TBSS 自动识别算法总体思路：通过创建 TBSS 数字化模板，采用 Jensen–Shannon 散度（JS 散度）方法对数据进行预处理，输入到支持向量机（Support Vector Machine，SVM）模型进行训练和测试。

实施方法主要包括 4 步：①创建单个 TBSS 数字化模板；②建立 TBSS 的统计模板；③计算 TBSS 的单个模板与统计模板的 JS 散度；④构建基于 SVM 的 TBSS 自动识别算法并展示测试效果。

4.2.4　建立 TBSS 的数字化模板

4.2.4.1　技术路线

①强回波中心位置确定：在 1 个样本图像上，定位强回波（≥60 dBZ，下同）的格点；当多个强回波格点为连续格点时，确定为 1 个强回波区域；计算强回波区域的中心方位角和雷达径向距离 $C(\alpha,r)$。所谓强回波连续格点是指：以 1 个强回波格点为中心，它的上、下、左、右这 4 个位置的邻近格点中也出现了强回波，则认为这些格点为强回波连续格点。

②关注区域范围设定：考虑到中国目前发现的 TBSS 最长长度为 69.7 km，在每个基本反射率因子 R 产品文件中，选择方位角区间 $[\alpha-10, \alpha+10]$ 与径向距离区间 $[r+h, r+h+70]$ 所包含的范围作为关注区域 M。

③ TBSS 反射率因子模板构建：将 M 区域中每个格点的基本反射率因子 $M_{i,j}$ ($i \in [\alpha-10, \alpha+10]$, $j \in [r+h, r+h+70]$) 对应记录在 21 × 70 的矩阵模板 P 中 $\boldsymbol{P}_{i,j}$($i \in [1,20]$, $j \in [1,70]$) 格点位置（图 4.4b）。当 $M_{i,j}$ 的径向距离超过雷达有效探测范围 230 km，或已出现 $M_{i,j}$≤20 dBZ 的弱回波后又出现 $M_{i,j+1}$ > 20 dBZ 的回波时，则该径向方向记录至 $M_{i,j}$ 为止，得到单个 TBSS 反射率因子分布模板。

④TBSS 形态模板构建：将矩阵模板 P 进行二值化，在回波显示阈值为−5 dBZ 的情况下，将雷达回波≥−5 dBZ 的格点赋值为 1，雷达回波<−5 dBZ 格点的赋值为 0，得到单个 TBSS 形态模板（图 4.4）。

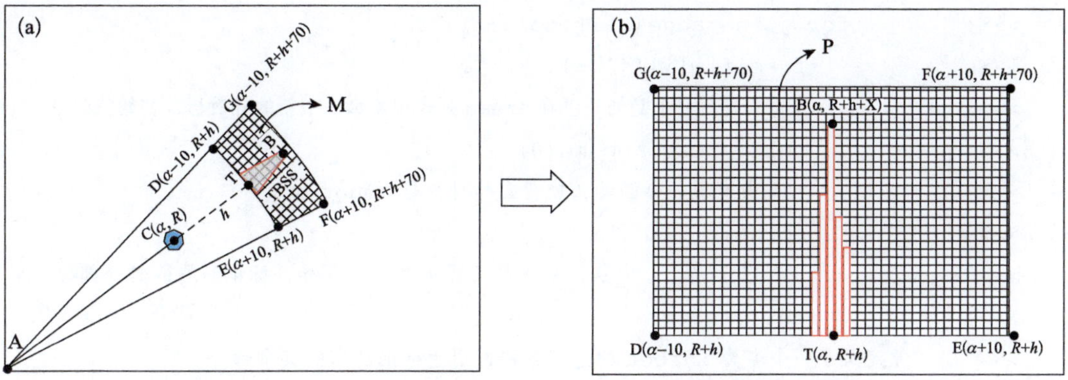

图 4.4　三体散射特征示意图 (a) 与数字模板示意图（b）
(b) 中以网格图表示 21 × 70 的矩阵模板 P，每个格点对应 (a) 中 M 区域的 1° × 1 km，
以红色柱形表示 TBSS 在矩阵模板的数据记录区域

4.2.4.2 实现步骤

①导入所需要的扩展库：Pandas、Numpy、Math、Os，从 Math 库中导入 pi 函数，从 Cinrad 库中导入 PUP 函数。

```
>>> from cinrad.io import PUP
>>> import pandas as pd
>>> import numpy as np
>>> import math
>>> from math import pi
>>> import os
```

②自定义名为 Continuous_points 的类，计算强回波中心位置。将整个雷达产品二维矩阵认为是“海洋”，将强回波区域认为是“海洋”中的“岛屿”，“岛屿”由水平或垂直方向相邻的 1 组成，要计算出海洋中“岛屿”的数量和每个“岛屿”的面积。

```
>>> class Continuous_points:
>>>     # 类的构造函数，接收一个二维列表 m 作为参数
>>>     def __init__(self, m):
>>>         self.row=len(m)
>>>         self.column=len(m[0])
>>>         self.m=m
>>>         self.areas=[]
>>>     # 定义了一个名为 count_islands 的方法，用于计算岛屿的数量
>>>     def count_islands(self):
>>>         count=0
>>>         # 遍历二维数组，遇到为 1 的点，就调用感染函数
>>>         for i in range(self.row):
>>>           for j in range(self.column):
>>>             if self.m[i][j]==1:
>>>               # 每当发现一个岛屿，就在 areas 列表中添加一个新的计数器，初始值为 0
>>>               self.areas.append(0)
>>>               # 每当发现一个岛屿，就将岛屿计数器 count 加 1
>>>               count+= 1
>>>               # 调用 infect 方法，从当前位置 (i, j) 开始，标记岛屿的其余部分
>>>               self.infect(i,j,count+1)
>>>      # 定义了一个名为 infect 的递归方法，用于标记岛屿的其余部分。
>>>      def infect(self, i, j, flag):
>>>          if i<0 or i>=self.row or j<0 or j>=self.column or
…           self.m[i][j]!= 1:
>>>               return
```

```
>>>            #将上下左右为1的值全部都改写为某一特定数字，属于同一个岛屿的数字相同
>>>            self.m[i][j]=flag
>>>            #将岛屿的计数器加1
>>>            self.areas[-1]+= 1
>>>            #递归调用infect方法，向左、上、下、右四个方向继续标记岛屿的其余部分
>>>            self.infect(i,j-1,flag)
>>>            self.infect(i-1,j,flag)
>>>            self.infect(i+1,j,flag)
>>>            self.infect(i,j+1,flag)
```

③自定义函数 az_dis_mean：计算强回波连续格点中心的方位角和雷达径向距离，输入变量为一组方位角 Vaz，输出变量为一组雷达径向距离 Vdis。此处不建议直接使用连续格点的方位角算术平均值和雷达径向距离平均值，因为当连续格点出现在正北方向附近（部分格点方位角在 358°、389°，另一部分是 0°、1°）时计算会出错。所用方法是先将每个格点作为矢量，将其方位角和雷达径向距离分解在直角坐标系的 i 和 j 方向，分别计算所有 i 方向和 j 方向上的分量平均值，再将分量平均值合成为矢量平均值。

```
>>> def az_dis_mean(Vaz,Vdis):
>>>     # 创建i方向和j方向的分量u，v
>>>     u=np.zeros([len(Vaz)])
>>>     v=np.zeros([len(Vaz)])
>>>     #将每1个格点作为1个矢量分解到i方向和j方向
>>>     for iv in range(len(Vaz)):
>>>        u[iv]=Vdis[iv]*math.sin(Vaz[iv]*2*pi/360)
>>>        v[iv]=Vdis[iv]*math.cos(Vaz[iv]*2*pi/360)
>>>     #计算i方向和j方向的分量平均值
>>>     u_mean=u.mean()
>>>     v_mean=v.mean()
>>>     #计算平均方位角，单位为°
>>>     az_mean=np.arctan2(u_mean,v_mean)*360/2/pi
>>>     #如果平均方位角计算为负值，则额外加上360
>>>     if az_mean<0:
>>>        az_mean=az_mean+360
>>>     #计算平均雷达径向距离
>>>     dis_mean=math.sqrt(u_mean**2+v_mean**2)
>>>     #将平均方位角和平均雷达径向距离取2位小数并返回
>>>     return round(az_mean,2),round(dis_mean,2)
```

④在以上两个自定义函数的基础上，自定义 radar_echo_center 函数，输入变量为雷达产品文件路径 radfile_path 和回波阈值 echo，输出为一个雷达产品文件中所有给定阈值的强回

波中心的方位角 centers_az 和雷达径向距离 centers_dis，强回波区域面积 area_km2，强回波区域中最高回波值 echo_60_max。

```
>>> def radar_echo_center(radfile_path,echo):
>>>         frad=PUP(radfile_path)
>>>         data_rad=frad.get_data()
>>>         data_REF=data_rad.REF
>>>         #获取基本反射率因子的数值矩阵
>>>         dd=np.array(data_REF.values)
>>>         d=np.array(data_REF.values)
>>>         #当产品文件中回波最高值超过给定阈值时进行后续操作,
...           否则返回 "None"
>>>         if np.nanmax(np.nanmax(d))>=echo:
>>>             #读取雷达产品文件的方位角矩阵
>>>             az=data_REF.azimuth
>>>             az_value=np.array(az.values)
>>>             #读取雷达产品文件的径向距离矩阵
>>>             dis=data_REF.distance
>>>             dis_value=np.array(dis.values)
>>>             #基本反射率因子矩阵中高于给定阈值的赋值为 1，低于给定阈值的赋值为 0。
>>>             d[d<echo]=0
>>>             d[d>=echo]=1
>>>             #求出各个高于给定阈值的回波区域的个数和面积
>>>             s=Continuous_points(d)
>>>             s.count_islands()
>>>             areas=s.areas
>>>             nparea=np.array(areas)
>>>             area_id=np.where(nparea>=1)
>>>             #计算所有强回波中心方位角、径向距离、强回波面积、最高回波值并返回
>>>             centers_az=[]
>>>             centers_dis=[]
>>>             area_km2=[]
>>>             echo_60_max=[]
>>>             if len(area_id[0])>0:
>>>                 for j in area_id[0]:
>>>                     tup=np.where(d==j+2)
>>>                     echo_60_max+=[dd[tup].max()]
>>>                     center_az,center_dis=az_dis_mean(
...                                           az_value[tup[0]]*360/2/pi,
```

```
...                                dis_value[tup[1]])
>>>                 centers_az+=[center_az]
>>>                 centers_dis+=[center_dis]
>>>                 area_km2+=[len(tup[0])]
>>>             return centers_az,centers_dis,area_km2,echo_60_max
>>>     else:
>>>         return None,None,None,None
```

⑤根据技术路线③和④编写自定义函数 echo_template：输入强回波中心方位角 center_az、方位角范围 degree、强回波中心雷达径向距离 center_dis、强回波中心所在高度 h、整个基本反射率因子产品数值矩阵 ref_matrix 和方位角数值矩阵 az_matrix，得到关注区域内回波模板 ref_model。

```
>>> def echo_template(center_az,degree,center_dis,
...                       h,ref_matrix,az_matrix):
>>>     # 确定方位角范围
>>>     kd=range(-degree,degree+1,1)
>>>     # 设定一个原始回波模板，模板中每个格点初始值均为 -10dBZ
>>>     ref_model=np.ones([len(kd),70])*(-10)
>>>     # 从方位角区间的最小值开始，将关注区域范围内的回波读取到模板中
>>>     for k in kd:
>>>         # 假设起始回波为 65dBZ
>>>         e=65
>>>         # 获得关注区域最小方位角的索引
>>>         az_address=abs(az_matrix/pi*180-(center_az+k))
>>>         az_ad=np.where(az_address==az_address.min())
>>>         az_idx=az_ad[0][0]
>>>         # 计算关注区域最小径向距离的索引
>>>         dis_idx=int(round(center_dis+h,0))
>>>         # 回波模板的径向距离起始索引设为 0
>>>         k_ref_idx=0
>>>         """
...          将关注区域每个格点的回波数值沿着径向方向逐一记录在回波模板中：
...          如果关注区域某格点超过 229km 则停止记录；
...          如果径向距离索引超过 70km 则停止记录；
...          如果径向外侧已出现低于 20dBZ 后又出现了大于 20dBZ 则停止记录。
...         """
>>>        while dis_idx<229 and ref_matrix[az_idx,dis_idx]>-10:
>>>           ref_model[k+degree,k_ref_idx]=ref_matrix[az_idx,dis_idx]
```

```
>>>             k_ref_idx+=1
>>>             dis_idx+=1
>>>             if k_ref_idx>=70:
>>>                 break
>>>             if ref_model[k+degree,k_ref_idx-1]<=20:
>>>                 if ref_matrix[az_idx,dis_idx]>20:
>>>                   break
>>>     return ref_model
```

⑥主程序：将所有被挑选出的 TBSS 转化为模板保存为 Excel 文件，留待后续使用。

```
>>> # 雷达基本反射率因子产品路径
>>> rad_path='D:\\rad_products\\'
>>> files=os.listdir(rad_path)
>>> # 被挑选出的 TBSS 图片文件所在路径
>>> sure_path='D:\\tbssfig\\'
>>> surefiles=os.listdir(sure_path)
>>> # 根据每一个 TBSS 图片文件名 " 雷达产品名 _ 强回波中心方位角 _ 强回波中心径
...  向距离 .jpg" 的规则读取基本反射率因子产品
>>> for tf in surefiles:
>>>     tfname=tf.split('_')
>>>     # 获得雷达基本反射率因子产品文件名
>>>     tfns=tfname[0]
>>>     # 获得强回波中心方位角
>>>     raz=float(tfname[1])
>>>     # 获得强回波中心径向距离
>>>     rdis=float(tfname[2].split('.jpg')[0])
>>>     # 获得雷达文件产品全路径
>>>     rff=os.path.join(rad_path,tfns)
>>>     # 雷达文件产品有可能有错误，无法正常读取，为了不影响所有正常文件的顺利读取，
...       采用 "try...except"
>>>      try:
>>>         # 用 PUP 函数读取雷达产品文件
>>>         f=PUP(rff)
>>>         # 获取雷达站高度
>>>         rh=f.radarheight
>>>         # 获取雷达基本反射率因子数值矩阵
>>>         data_REF0=f.get_data()
>>>         ref=data_REF0.REF
```

```
>>>         ref_array=np.array(ref.values)
>>>         #获得雷达产品方位角数值矩阵
>>>         az_g=data_REF0.azimuth
>>>         az_value_g=np.array(az_g.values)
>>>         #获取雷达仰角
>>>         ele=data_REF0.elevation
>>>         #在雷达产品文件中查找回波≥60dBZ 的格点位置
>>>         tup_60=np.where(ref_array>=60)
>>>         if len(tup_60[0])>0:
>>>             # 计算强回波中心方位角、径向距离、强回波面积和强回波最高值
>>>             caz,cdis,carea,echomax=radar_echo_center(rff,60)
>>>             if all(i is not None for i in [caz,cdis,carea,echomax]):
>>>                 for ai,di,ari,emi in zip(caz,cdis,carea,echomax):
>>>                     H=di*math.sin(ele*2*pi/360)+rh/1000
>>>                     # 计算回波模板
>>>                     dBZ_20=echo_template(ai,10,di-1,H,
...                             ref_array,az_value_g)
>>>                     # 当某个强回波中心方位角，径向距离与 TBSS 的比较一致时，
...                       则作为 TBSS 模板存储在 TBSS 模板文件夹下
>>>                     if abs(ai-raz)<=1 and abs(di-rdis)<=2:
>>>                         # 文件夹是否存在，如果不存在则新建
>>>                         ampath0='D:\\collect_TBSS_MATRIX_excel'
>>>                         if not os.path.exists(ampath0):
>>>                             os.mkdir(ampath0)
>>>                         # 模板存储为 excel 文件，
...                         以“雷达产品文件名_强回波中心方位角
...                         _强回波中心径向距离 .xlsx”命名
>>>                         tbss_matrix=pd.DataFrame(dBZ_20)
>>>                         writer=pd.ExcelWriter(ampath0+'\\'+str(tfns)
...                                 +'_'+str(ai)+'_'+str(di)+'.xlsx')
>>>                         tbss_matrix.to_excel(writer,
...                                 sheet_name='tbss_matrix",index=False)
>>>                         writer._save()
>>>                     else:
>>>                         # 当某个强回波中心方位角，径向距离与 TBSS 不一致时，
...                           则作为非 TBSS 模板存储在相应文件夹下
>>>                         ampath0='D:\\collect_NO_TBSS_MATRIX_excel'
>>>                         if not os.path.exists(ampath0):
```

```
>>>                     os.mkdir(ampath0)
>>>                 # 模板存储为 excel 文件，以“雷达产品文件名_强回波中心方位角
...                   _强回波中心径向距离.xlsx”命名
>>>                 no_tbss_matrix=pd.DataFrame(dBZ_20)
>>>                 writer=pd.ExcelWriter(ampath0+'\\'+str(tfns)
...                         +'_'+str(ai)+'_'+str(di)+'.xlsx')
>>>                 no_tbss_matrix.to_excel(writer,
...                       sheet_name='tbss_matrix',index=False)
>>>                 writer._save()
>>>     # 如果文件错误，则打印文件名
>>>     except:
>>>         print(rff)
```

4.2.5 建立 TBSS 的统计模板

4.2.5.1 技术路线

①可视化单个 TBSS 样本的模板图像。

②TBSS形态模板构建：将矩阵模板P进行二值化，在回波显示阈值为−5 dBZ的情况下，将雷达回波≥−5 dBZ 的格点赋值为 1、雷达回波<−5 dBZ 格点的赋值为 0，得到单个 TBSS 形态模板。

③对 500 个 TBSS 样本方位角区间 [α−3, α+3] 反射率因子模板和形态模板对应格点数据求平均值，得到反射率因子平均模板和形态平均模板，根据模板提取出反射率因子在 TBSS 区域范围内不同位置和不同区间上的统计分布特征。

④考虑到 TBSS 的特点聚焦于两点：一是 TBSS 的形态；二是 TBSS 的回波特征。因此在 TBSS 反射率因子平均模板和形态平均模板的基础上，需要进一步提炼 TBSS 回波强度在不同反射率间隔的频率分布特征 *D*p 和 TBSS 在强回波中心附近不同方位角的长度分布特征 *D*s。

4.2.5.2 实现步骤

①导入所需要的扩展库：Pandas、Numpy、Os、Matplotlib 和 Random，并设置绘制图像的字体 myfont。

```
>>> import pandas as pd
>>> import numpy as np
>>> import os
>>> import matplotlib
>>> from matplotlib import colors
>>> import matplotlib.pyplot as plt
```

```
>>> import random
>>> # 自定义字体，文件名是系统中文字体
>>> myfont = matplotlib.font_manager.FontProperties(fname=
...          'C:/Windows/Fonts/SimSun.ttc')
```

②为了让绘制出的图像与雷达文件产品在 ROSE-PUP 软件中显示一致的色标，自定义色标函数 colormap。

```
>>> def colormap():
>>>     # 写入 ROSE-PUP 软件中色标的 RGB 色彩值。
>>>     cdict=([255,255,255],[0,172,164],[192,192,254],[123,113,239],
...            [30,38,208], [166,252,168],[0,234,0],[16,146,26],
...            [252,244,100],[200,200,2],[140,140,0],[254,172,172],
...            [254,100,92],[238,2,48], [212,142,252],[170,36,250])
>>>     cdict=np.array(cdict)/255.0
>>>     # 按照上面定义的 colordict，将数据分成对应的部分，indexed：代表顺序
>>>     mycmap=colors.ListedColormap(cdict,'indexed')
>>>     return mycmap
```

③自定义函数 draw_template，对 TBSS 数字化模板进行可视化。输入变量为回波模板 tbss_dbz。

```
>>> def draw_template(tbss_dbz):
>>>     # 创建一个大小为 5 英寸宽和 4 英寸高，分辨率为 600dpi 的新图形对象
>>>     fig=plt.figure(figsize=(5,4),dpi=600,clear=True)
>>>     # 使用 pcolormesh 函数将模板绘制一个矩形网格图
>>>     plt.pcolormesh(tbss_dbz.T,edgecolors='black',
...             cmap=colormap(),linewidths=0.1,vmin=-10,vmax=70)
>>>     # 将 X 轴上标明方位角，标签为斜体字
>>>     plt.xticks(ticks=[0.5,2.5,4.5,6.5,8.5,10.5,12.5,14.5,16.5,18.5,20.5],
...                labels=['α-10','α-8','α-6','α-4','α-2','α',
...                'α+2','α+4','α+6','α+8','α+10'],style='italic')
>>>     plt.xlabel('方位角 /\u00b0',fontproperties=myfont,
...                fontsize=14) # (\u00b0)是指在图像上显示单位“度”(° )
>>>     plt.ylabel('TBSS 长度 /km',fontproperties=myfont,fontsize=14)
>>>     cb=plt.colorbar()
>>>     cb.set_label('基本反射率因子 /dBZ',fontproperties=myfont,fontsize=10)
>>>     plt.colorbar()
>>>     plt.show()
```

④主程序 1：对单个 TBSS 样本进行可视化。首先获得所有 4.2.4 中 TBSS 样本 Excel 文件名，然后随机选取文件，利用自定义函数进行图像绘制（图 4.5）。分析单个 TBSS 模板时发现，TBSS 主要出现在 [α−3,α+3]，因此主要选取 [α−3,α+3] 建立 TBSS 统计模板。

```
>>> excelpath='D:\\collect_TBSS_MATRIX_excel\\'
>>> # 得到文件夹下所有文件名，作为一个列表
>>> files=os.listdir(excelpath)
>>> # 在文件名列表中随机选取 1 个文件名
>>> random_tbss_files=random.sample(files,1)
>>> # 对随机选取的 1 个文件进行可视化
>>> TBSS_matrix=pd.read_excel(excelpath+random-tbss-files)
>>> draw_template(TBSS_matrix)
```

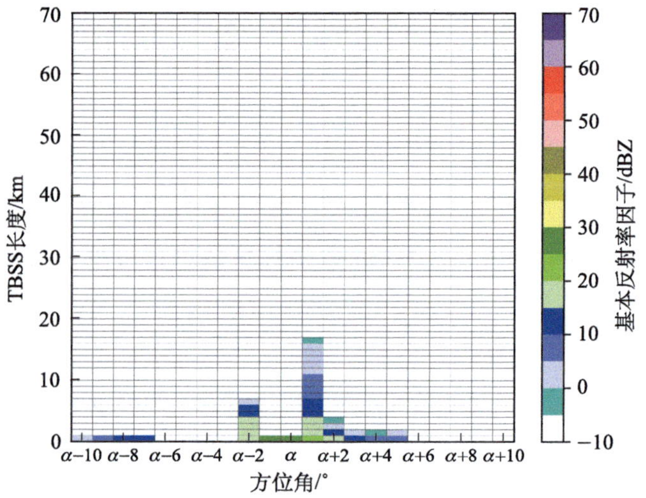

图 4.5　TBSS 的样本模板图像

⑤首先设置 TBSS 模板中低于−5 dBZ 的值全部为 NaN 值，然后自定义函数 fill_ndarray：这个函数使得多个包含 NaN 值的矩阵进行叠加时，能够保存非 NaN 值。此函数的设计有利于将多个 TBSS 模板进行合理叠加。

```
>>> def fill_ndarray(tmat,nmat):
>>>     """
...     当 tmat 和 nmat 中的元素都不为 NaN 时，将它们相加。
...     当 tmat 中的元素不为 NaN 而 nmat 中的元素为 NaN 时，保持 tmat 中的值不变。
...     当 tmat 中的元素为 NaN 而 nmat 中的元素不为 NaN 时，
...     用 nmat 中的值替换 tmat 中的 NaN。
...     当 tmat 和 nmat 中的元素都为 NaN 时，不做任何操作
...     """
```

```
>>>     all_nonan=~np.isnan(tmat)*~np.isnan(nmat)
>>>     nonan_1=~np.isnan(tmat)*np.isnan(nmat)
>>>     nonan_2=np.isnan(tmat)*~np.isnan(nmat)
>>>     all_nan=np.isnan(tmat)*np.isnan(nmat)
>>>     tmat[all_nonan]+=nmat[all_nonan]
>>>     tmat[nonan_1]=tmat[nonan_1]
>>>     tmat[nonan_2]=nmat[nonan_2]
>>>     return
```

⑥主程序 2：按照技术路线②和③，利用 500 个 TBSS 样本的基本反射率因子模板和形态模板分别进行矩阵求和。

```
>>> # 建立装载 TBSS 形态模板的零矩阵
>>> modle=np.zeros([21,70])
>>> # 建立装载 TBSS 反射率因子模板的空矩阵
>>> modle_dbz=np.zeros([21,70])
>>> modle_dbz[modle_dbz==0]=np.nan
>>> # 获取所有 TBSS 模板 excel 文件
>>> excelpath='D:\\collect_TBSS_MATRIX_excel\\'
>>> files=os.listdir(excelpath)
>>> # 选取 500 个进行 TBSS 统计模板构建
>>> for tf in files[0:501]:
>>>     # 对 TBSS 反射率因子进行矩阵求和
>>>     excelpd=pd.read_excel(excelpath+tf,sheet_name='tbss_matrix')
>>>     excelpd[excelpd==-10]=np.nan
>>>     tbss_dbz_value=np.array(excelpd.values)
>>>     fill_ndarray(modle_dbz,tbss_dbz_value)
>>>     # 将 TBSS 反射率因子模板进行二值化，得到形态模板
>>>     excelpd2=pd.read_excel(excelpath+tf, sheet_name='tbss_matrix')
>>>     excelpd2[(excelpd2>=-10)&(excelpd2<1)]=0
>>>     excelpd2[excelpd2>=1]=1
>>>     tbss_value=np.array(excelpd2.values)
>>>     tupl=np.where(tbss_value==1)
>>>     # 对 TBSS 形态模板进行矩阵求和
>>>     modle+=tbss_value
```

⑦主程序 3：计算 TBSS 反射率因子平均模板和 TBSS 形态平均模板，并采用热力图进行可视化（图 4.6）。

```
>>> fig=plt.figure(figsize=(32,10),dpi=900,clear=True)
>>> fig.tight_layout()
>>> ax=fig.add_subplot(2,1,1)
>>> # 计算 TBSS 反射率因子平均模板，每个格点值为反射率因子值（保留 1 位小数）
>>> mm=modle_dbz[7:14,0:71]/500
>>> mm1=np.around(mm,decimals=1)
>>> # 低于雷达产品反射率显示阈值 -5 的格点标记为 NaN
>>> mm1[mm1<-5]=np.nan
>>> # 绘制反射率因子平均模板热力图 4.6a
>>> import seaborn
>>> fsb=seaborn.heatmap(mm1,edgecolors='black',cmap='Spectral_r',
...      linecolor='black',linewidths=0.03,cbar=True,
...      cbar_kws={"pad":0.03,"orientation":'vertical'},
...      annot=True,fmt='g')
>>> plt.yticks(ticks=[0.5,1.5,2.5,3.5,4.5,5.5,6.5],
...              labels=['α-3','α-2','α-1','α','α+1','α+2','α+3'],
...              style='italic',fontproperties=myfont,
...              fontsize=18,rotation=0)
>>> plt.xticks(ticks=[ti for ti in np.arange(0.5,70.5,4)],
...              labels=[str(ti) for ti in range(1,71,4)],
...              fontproperties=myfont,fontsize=18,rotation=0)
>>> #(\u00b0) 是指在图像上显示单位“度”(° )
>>> plt.ylabel('方位角 /\u00b0',fontproperties=myfont,fontsize=18)
>>> plt.xlabel('长度 /km',fontproperties=myfont,fontsize=18)
>>> ax.text(0.95,0.95,"(a)",transform=ax.transAxes,fontsize=26,va='top')
>>> # 计算 TBSS 形态平均模板，每个格点值为 TBSS 回波出现在该格点的频率
>>> mm=modle[7:14,0:70]
>>> mm2=np.zeros_like(mm)
>>> mm2=np.around(mm/5,decimals=1)
>>> # 频率为 0 的格点标记为 NaN
>>> mm2[mm2==0]=np.nan
>>> # 绘制 TBSS 形态平均模板热力图 (4.6b)
>>> ax= fig.add_subplot(2,1,2)
>>> fsb=seaborn.heatmap(mm2,edgecolors='black',cmap='Spectral_r',
...       linecolor='black',linewidths=0.03,cbar=True,
...       cbar_kws={"pad":0.03,"orientation":'vertical'},
...       annot=True,fmt='g')
>>> plt.yticks(ticks=[0.5,1.5,2.5,3.5,4.5,5.5,6.5],
```

```
...             labels=['α-3','α-2','α-1','α','α+1','α+2','α+3'],
...             style='italic',fontproperties=myfont,
...             fontsize=18,rotation=0)
>>> plt.xticks(ticks=[ti for ti in np.arange(0.5,70.5,4)],
...             labels=[str(ti) for ti in range(1,71,4)],
...             fontproperties=myfont,fontsize=18,rotation=0)
>>> plt.ylabel('方位角/\u00b0',fontproperties=myfont,fontsize=18)
>>> plt.xlabel('长度/km',fontproperties=myfont,fontsize=18)
>>> ax.text(0.95,0.95,"(b)",transform=ax.transAxes,fontsize=26,va='top')
>>> plt.show()
```

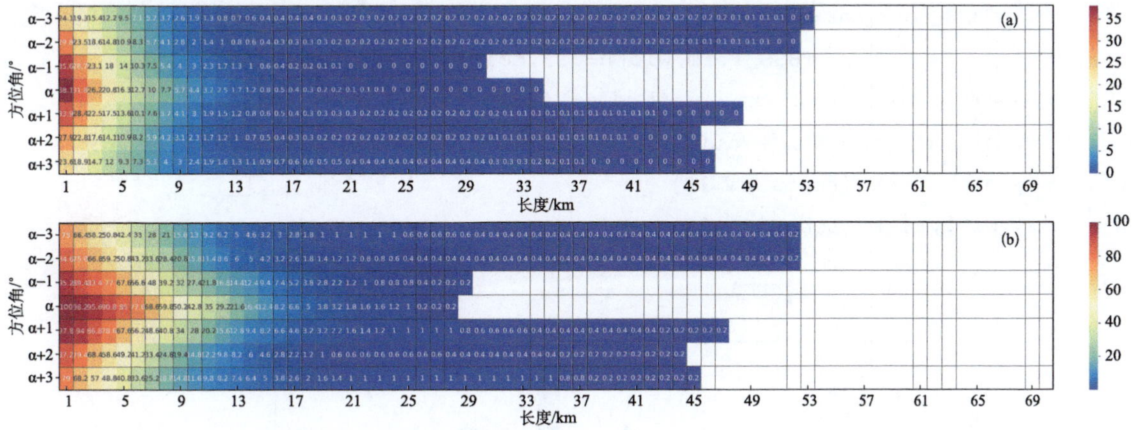

图 4.6　TBSS 反射率因子平均模板热力图（a）和 TBSS 形态平均模板热力图（b）

⑧根据已经得到的 TBSS 形态平均模板，进一步提炼 TBSS 在强回波中心附近不同方位角的形态分布特征。定义：TBSS 平均模板上在不同方位角出现频率高于 50% 的区域为 TBSS 形态分布特征。为此首先自定义函数 percent_length，计算给定一组数据 *x*、一组频次数据 *y* 和指定频次 percent，输出指定指定频次对应的 *x* 值。

```
>>> def percent_length(x,y,percent=50):
>>>     # 找到最接近 50 的两个 y 值 y1 和 y2
>>>     y1=y[y<=percent].max()
>>>     y2=y[y>percent].min()
>>>     # 找到这两个 y 值对应的 x 值 x1 和 x2
>>>     x1=x[y==y1]
>>>     x2=x[y==y2]
>>>     # 利用线性插值法确定指定频率对应的 x 值
>>>     x_at_percent=x2+(x1-x2)*(percent-y2)/(y1-y2)
>>>     return np.round(float(x_at_percent),1)
```

⑨主程序 4：获得 TBSS 在不同方位角上出现频率高于 50% 的雷达径向距离最大数值，作为 TBSS 形态分布特征。

```
>>> TBSS_form=[]
>>> length=np.array(range(1,71))
>>> for row in mm2: #mm2 是 4.2.5.2 中的 TBSS 形态平均模板矩阵
>>>     TBSS_form+=[percent_length(length,row,50)]
>>> print(TBSS_form)
[2.6, 3.7, 5.6, 7.9, 5.7, 3.7, 2.8]
```

⑩主程序 5：对 TBSS 形态分布特征进行可视化（图 4.7）。

```
>>> fig=plt.figure(figsize=(10,6),dpi=900,clear=True)
>>> TBSS_form_bar=plt.bar(['α-3','α-2','α-1','α','α+1','α+2','α+3'],
...                 TBSS_form,width=0.3,color='blue')
>>> plt.ylabel('长度 /km',fontproperties=myfont,fontsize=18)
>>> plt.xlabel('方位角 /\u00b0',fontproperties=myfont,fontsize=18)
>>> plt.xticks(fontsize=18)
>>> plt.yticks(fontsize=18)
>>> plt.show()
```

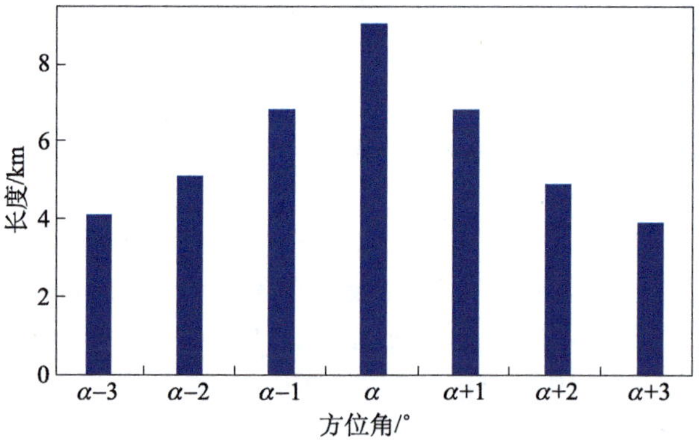

图 4.7　TBSS 形态分布特征

⑪ 主程序 6：逐个读取 TBSS 回波在不同反射率因子组别的频率，作为 TBSS 反射率因子分布特征，并进行可视化（图 4.8）。

```
>>> # 设置总格点数初始值为 0
>>> sumg=0
>>> # 将基本反射率因子分为 15 个组别
>>> gate=np.zeros([15,1])
>>> gatevalue=[-5,0,5,10,15,20,25,30,35,40,45,50,55,60,65]
```

```
>>> # 获取所有 TBSS 样本文件名
>>> excelpath='D:\\collect_TBSS_MATRIX_excel\\'
>>> files=os.listdir(excelpath)
>>> # 选取 500 个 TBSS 样本，提取每个 TBSS 样本在不同反射率因子组别的频次，分别求和
>>> for tf in files[0:501]:
>>>     excelpd=pd.read_excel(excelpath+tf,sheet_name='tbss_matrix')
>>>     xpd=np.array(excelpd.loc[7:14])
>>>     for i in range(len(gatevalue)):
>>>         gate[i]+=xpd[xpd==gatevalue[i]].size
>>>         sumg+=xpd[xpd==gatevalue[i]].size
>>> # 计算 500 个样本的平均情况下，不同反射率因子组别的频率
>>> TBSS_echo=[g/sumg for g in gate[:,0]]
>>> print(TBSS_echo)
[0.05, 0.12, 0.16, 0.13, 0.09, 0.07, 0.07, 0.06, 0.06, 0.05, 0.05, 0.04,
0.03, 0.01, 0.0]
>>> # 对 TBSS 形态分布特征进行可视化
>>> fig=plt.figure(figsize=(8,6),dpi=900,clear=True)
>>> gatebar=plt.bar(gatevalue,TBSS_echo,color='b')
>>> plt.xticks([-5,0,5,10,15,20,25,30,35,40,45,50,55,60,65],fontsize=18)
>>> plt.yticks(fontsize=15)
>>> plt.xlabel('反射率因子 /dBZ',fontproperties=myfont,fontsize=18)
>>> plt.ylabel('格点数占比',fontproperties=myfont,fontsize=18)
>>> plt.show()
```

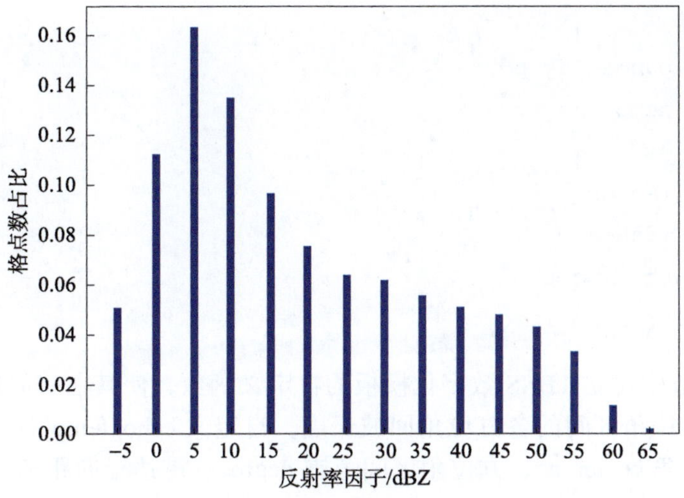

图 4.8　TBSS 反射率因子分布特征

4.2.6 计算每个样本模板与 TBSS 统计模板之间的 JS 散度

4.2.6.1 技术路线

①分别从 800 个 TBSS 样本 / 非 TBSS 样本中随机选取 500 个 TBSS 样本 / 非 TBSS 样本，建立每个样本的模板，计算其反射率因子分布和形态分布。

②分别计算逐个样本与 TBSS 统计模板在回波强度和形态分布特征方面的 JS 散度。

JS 散度定义式（Fuglede et al., 2004）为：

$$D_{\text{JS}}(q \| Q) = \frac{1}{2} D_{\text{KL}}(q \| m) + \frac{1}{2} D_{KL}(Q \| m)$$

式中：$m=(q+Q)/2$；$D_{\text{KL}}(q\|m)$ 和 $D_{\text{KL}}(Q\|m)$ 是 KL 散度，由下列公式（Cover et al., 2006）定义：

$$D_{\text{KL}}(q \| Q) = \sum_i q_i \log_2 \frac{q_i}{Q_i}$$

式中：q 表示每个样本的反射率因子或形态分布，而 Q 指的是 TBSS 统计模板的反射率因子分布 D_{p} 或形态分布 D_{s}。下标“i”表示每个特定样本。得到的结果 JS 散度值范围从 0 到 1，表示样本分布与标准模板之间的相似性水平。JS 散度值越接近 1，表示相似性越低；而值越接近 0，则意味着相似性越高。

③考虑到弱回波占比是人工识别 TBSS 的重要特征之一，并且经过对 TBSS 样本的统计分析发现，≤20 dBZ 的弱回波占 TBSS 区域的近 70%。因此，为了给后续的机器计算提供更好的特征，将每个样本的弱回波占比也作为特征之一。

4.2.6.2 实现步骤

①导入所需的扩展库：Pandas、Numpy、Os、Random、Math，从 cinrad.io 中导入 PUP 函数。

```
>>> import pandas as pd
>>> import numpy as np
>>> import os
>>> import random
>>> import math
>>> from math import pi
>>> from cinrad.io import PUP
```

②改进 4.2.4 节中建立 TBSS 数字化模板的自定义函数，使其在获取样本数字化模板的同时，获取指定方位角区间的各方位角回波长度。自定义 echo_template_length 函数，输入为强回波中心方位角 center_az、方位角区间范围 degree、雷达径向距离 center_dis、强回波中心距地面高度 h、雷达产品反射率因子矩阵 ref_matrix 和对应的方位角矩阵 az_matrix。输出为样本数字化模板 ref_model 和指定方位角区间的各方位角回波长度 Length_az。

```
>>> def echo_template_length(center_az,degree,
…                   center_dis,h,ref_matrix,az_matrix):
>>>       # 确定方位角范围
>>>       kd=range(-degree,degree+1,1)
>>>       # 设定一个原始回波模板，模板中每个格点初始值均为 -10dBZ
>>>       ref_model=np.ones([len(kd),70])*(-10)
>>>       Length=[]
>>>       # 从方位角区间的最小值开始，将关注区域范围内的回波读取到模板中
>>>       for k in kd:
>>>           # 获得关注区域最小方位角的索引
>>>           az_address=abs(az_matrix/pi*180-(center_az+k))
>>>           az_ad=np.where(az_address==az_address.min())
>>>           az_idx=az_ad[0][0]
>>>           # 计算关注区域最小径向距离的索引
>>>           dis_idx=int(round(center_dis+h,0))
>>>           # 回波模板的径向距离起始索引设为 0
>>>           k_ref_idx=0
>>>           while dis_idx<229 and ref_matrix[az_idx,dis_idx]>-10:
>>>               ref_model[k+degree,k_ref_idx]=ref_matrix[az_idx,dis_idx]
>>>               k_ref_idx+=1
>>>               dis_idx+=1
>>>               if  k_ref_idx>=70:
>>>                   break
>>>               if ref_model[k+degree,k_ref_idx-1]<=20:
>>>                    if ref_matrix[az_idx,dis_idx]>20:
>>>                       break
>>>           Length+=[k_ref_idx]
>>>       Length_az=Length[7:14]
>>>       return ref_model,Length_az
```

③导入 scipy.stats 库。根据 JS 散度概念，自定义函数 JS_divergence，计算两个数据分布的 JS 散度。输入为 p 和 q 两个数据分布，输出是 JS 散度 JSD。

```
>>> import scipy.stats
>>> def JS_divergence(p,q):
>>>     p=np.array(p)
>>>     q=np.array(q)
>>>     M=(p+q)/2
>>>     JSD=0.5*scipy.stats.entropy(p,M,base=2)
```

```
...          +0.5*scipy.stats.entropy(q,M,base=2)
>>>      return JSD
```

④根据 4.2.4 节 TBSS 样本和非 TBSS 样本所导出的 Excel 文件路径，沿用 4.2.5 节的 TBSS 统计特征，自定义函数 JSD_WER_calculation，计算样本与 TBSS 统计特征之间的 JS 散度值和弱回波占比。输入变量为样本的 Excel 文件名 excel_filename、雷达产品文件所在路径 RAD_path、TBSS 统计模板的反射率因子分布 TBSS_echo 和形态分布 TBSS_form。

```
>>> def JSD_WER_calculation(excel_filename,RAD_path,TBSS_echo,TBSS_form):
>>>      gatevalue=[-5,0,5,10,15,20,25,30,35,40,45,50,55,60,65]
>>>      sumg_sample=0
>>>      gate_sample=np.zeros([15,1])
>>>      # 对 excel 文件名进行分解，得到雷达产品文件名 ff、强回波方位角 ai
...      和雷达径向距离 di
>>>      ff=excel_filename.split('_')[0]
>>>      ai=float(tf.split('_')[1])
>>>      di=float(tf.split('_')[2].split('.')[0])
>>>      # 给出雷达产品文件路径
>>>      rff=os.path.join(RAD_path,ff)
>>>      # 读取雷达产品文件
>>>      f=PUP(rff)
>>>      data_REF0=f.get_data()
>>>      # 获得基本反射率因子矩阵
>>>      ref=data_REF0.REF
>>>      d_ref=np.array(ref.values)
>>>      # 获得方位角矩阵
>>>      az_g=data_REF0.azimuth
>>>      az_value_g=np.array(az_g.values)
>>>      # 获得仰角矩阵
>>>      ele=data_REF0.elevation
>>>      # 计算强回波中心的离地面高度
>>>      H=di*math.sin(ele*2*pi/360)
>>>      # 调用计算反射率因子矩阵和回波长度的自定义函数
>>>      sample_ref,sample_len=echo_template_length(ai,10,di-1,
...                                   H,d_ref,az_value_g)
>>>      # 计算每个样本不同反射率因子组别的回波出现频率
>>>      for i in range(len(gatevalue)):
>>>         gate_sample[i]+=sample_ref[sample_ref==gatevalue[i]].size
>>>         sumg_sample+=sample_ref[sample_ref==gatevalue[i]].size
```

```
>>>     sample_echo=[g/sumg_sample for g in gate_sample[:,0]]
>>>     # 计算单个 TBSS 反射率因子分布与模板反射率因子分布的 JS 散度
>>>     JLS_echo=JL_divergence(TBSS_echo,sample_echo)
>>>     # 单个 TBSS 形态与模板形态的 JS 散度
>>>     JLS_form=JL_divergence(TBSS_form,sample_len)
>>>     # 单个 TBSS 弱回波占比
>>>     weak_echo=sum(sample_echo[0:6])
>>>     return JLS_echo,JLS_form,weak_echo
```

⑤主程序：计算单个样本与 TBSS 统计模板的 JS 散度、弱回波占比，并将其作为输入到 SVM 模型的 3 个特征，同时设置 TBSS 标签为“1”、设置非 TBSS 标签为“0”，保存至 Excel 文件，供 SVM 模型使用。

```
>>> # 根据 4.2.5 节生成的结果，引入 TBSS 反射率因子分布特征和形态分布特征
>>> TBSS_temp_echo=[0.05, 0.12, 0.16, 0.13, 0.09, 0.07, 0.07,
…                 0.06, 0.06, 0.05, 0.05, 0.04, 0.03, 0.01, 0.0]
>>> TBSS_temp_form=[2.6, 3.7, 5.6, 7.9, 5.7, 3.7, 2.8]
>>> # 获得所有 TBSS 样本文件名
>>> R_path='D:\\rad_products\\'
>>> tbss_path='D:\\collect_TBSS_MATRIX_excel\\'
>>> tbssfiles=os.listdir(tbss_path)
>>> # 获得所有 no-TBSS 样本文件名
>>> notbss_path='D:\\collect_NO_TBSS_MATRIX_excel\\'
>>> notbssfiles=os.listdir(notbss_path)
>>> # 在非 TBSS 样本中选择 600 个
>>> notbss_random=random.sample(notbssfiles,600)
>>> # 在 TBSS 样本中选择 600 个
>>> tbss_random=tbssfiles[-601:-1]
>>> # 设置一个将装载样本反射率因子 JS 散度、形态 JS 散度和弱回波占比的空数据框
>>> df_samples=pd.DataFrame(columns=['jsd_echo',
…                               'jsd_form','wer','label'])
>>> # 装载 TBSS 样本的反射率因子 JS 散度、形态 JS 散度和弱回波占比，标记标签“1”
>>> for tf in tbss_random:
>>>     sample_jsd_e,sample_jsd_f,sample_wer=JSD_WER_calculation(tf,
…                                  R_path,TBSS_temp_echo,TBSS_temp_form)
>>>     df_samples=df_samples._append({'jsd_echo':sample_jsd_e,
…                                  'jsd_form':sample_jsd_f,
…                                  'wer':sample_wer,'label':1},
…                                  ignore_index=True)
```

```
>>> # 去掉空值所在行
>>> TBSS_samples=df_samples.dropna()
>>> # 从数据框的数行中随机选择 500 行
>>> TBSS_samples=TBSS_samples.sample(n=500)
>>> # 设置一个将装载样本反射率因子 JS 散度，形态 JS 散度和弱回波占比的空数据框
>>> df_samples=pd.DataFrame(columns=['jsd_echo',
...                         'jsd_form','wer','label'])
>>> # 装载非 TBSS 样本的反射率、因子 JS 散度，形态 JS 散度和弱回波占比，标记标签“0”
>>> for tf in notbss_random:
>>>     sample_jsd_e,sample_jsd_f,sample_wer=
...                 JSD_WER_calculation(tf,R_path,
...                 TBSS_temp_echo,TBSS_temp_form)
>>>     df_samples=df_samples._append({'jsd_echo':sample_jsd_e,
...                                    'jsd_form':sample_jsd_f,
...                                    'wer':sample_wer,'label':0},
...                                    ignore_index=True)
>>> # 去掉空值所在行
>>> no_TBSS_samples=df_samples.dropna()
>>> # 从数据框的数行中随机选择 500 行
>>> no_TBSS_samples=no_TBSS_samples.sample(n=500)
>>> # 将 TBSS 样本和非 TBSS 样本的信息合成一个数据框，写入 excel 文件
>>> all_samples=pd.concat([TBSS_samples,no_TBSS_samples])
>>> all_samples.to_excel('D:\\JSD_samples.xlsx')
>>> print(all_samples.head(3))
     jsd_echo   jsd_fo rm    wer      label
227  0.080710  0.016285  0.371951     1.0
417  0.091544  0.050369  0.504505     1.0
430  0.089532  0.066281  0.606383     1.0
```

4.2.7 构建基于 SVM 的 TBSS 自动识别算法

4.2.7.1 技术路线

①特征工程是机器学习中一个很重要的环节，4.2.4~4.2.6 这 3 节的内容聚焦于 TBSS 数字化特征的提取，本节将特征数据集应用于 SVM 模型，达到自动识别 TBSS（是 TBSS 或不是 TBSS）的目的。SVM 模型的代码源自 Scikit-learn 工具库，可直接使用，因此本节的代码编写部分是比较简单的。

② SVM 简介：SVM 算法的主要目标是在 N 维空间中识别一个最优超平面，有效地将

特征空间内的数据点划分为不同的类别。训练数据集包括输入特征向量，记作 x，以及它们对应的类别标签 y，在这种情况下，最优超平面可以被想象为一条线：

$$y\left(w^{\mathrm{T}}x+b\right)\geqslant 1$$

式中：ω 是权重向量，b 是偏置项（Kecman, 2005）。寻找最优超平面意味着寻找满足以下条件：

$$\underset{w,b}{\text{minimize}}\frac{1}{2}w^{\mathrm{T}}w=\underset{w,b}{\text{minimize}}\frac{1}{2}\|w\|^2$$

考虑到将特征变量与 TBSS 标签相关联时固有的复杂性和一定程度的模糊性，采用 SVM 的软边界形式（Kecman, 2005; Tsai et al., 2011）。这种形式适合处理数据集中的非线性属性：

$$\underset{w,b}{\text{minimize}}\ \frac{1}{2}\|w\|^2+C\sum_{i=1}^{N}\xi_i$$

考虑到：$y_i\left(w^{\mathrm{T}}\phi\left(x_i\right)+b\right)\geqslant 1-\xi_{i},\ \ \xi_i\geqslant 0,\ \ \forall i\in\{1,2,\ldots,n\}$

$$y_i=\begin{cases}1, & x_i\in\text{class}(+1)\\ -1, & x_i\in\text{class}(-1)\end{cases}$$

式中：x_i 是样本特征向量；y_i 是对应的标签；ξ_i是松弛变量；C 是松弛惩罚项（Kecman, 2005; Chang et al., 2011）；f 是核函数，这里选择高斯径向基函数将原始空间中的非线性问题转换为高维空间中的线性可微或近似线性可微问题（Keerthi et al., 2003）。

③数据集包含 1000 个样本，其中 80% 被分配用于训练目的，剩余的 20% 被保留用于测试，采用命中率 POD、误警率 FAR（Boneh et al., 2015; Powers, 2020）和临界成功指数 CSI（Schaefer, 1990）来评估。

$$\text{POD}=\frac{\text{hit}}{\text{hit}+\text{miss}}$$

$$\text{FAR}=\frac{\text{false alarm}}{\text{hit}+\text{false alarm}}$$

$$\text{CSI}=\frac{\text{hit}}{\text{hit}+\text{false alarm}+\text{miss}}$$

hit、miss 和 false alarm 的定义如表 4.1。

表 4.1　hit、miss 和 false alarm 的定义

		实际情况	
		TBSS	**NO_TBSS**
预测结果	TBSS	hit	false alarm
	NO_TBSS	miss	correct rejection

4.2.7.2 实现步骤

①导入需要用到的工具库：Pandas、Numpy，从 scikit-learn 库的 svm 模块中导入 SVC 类，从 scikit-learn 库的 model_selection 模块中导入 train_test_split 函数，设置好输出文件的路径，读取 4.2.6 节中生成的数据集。

```
>>> import pandas as pd
>>> import numpy as np
>>> from sklearn.svm import SVC
>>> from sklearn.model_selection import train_test_split
>>> import matplotlib
>>> # 定义自定义字体，文件名是系统中文字体
>>> myfont=matplotlib.font_manager.FontProperties(
…           fname='C:/Windows/Fonts/SimSun.ttc')
>>> # 设置输出文件的路径
>>> output_path="D:\\"
>>> origin_data=pd.read_excel('D:\\JSD_samples.xlsx')
```

②开始对数据集进行训练和测试。

```
>>> #获得特征变量x
>>> X=origin_data.iloc[:,1:4]
>>> #获得标签y
>>> y=origin_data.iloc[:,4]
>>> #在数据集中选择 80% 作为训练集，20% 作为验证集
>>> X_train,X_val,y_train,y_val=train_test_split(X,y,test_size=0.2)
>>> # 惩罚项 C 设为 10，选择高斯径向基函数'rbf'
>>> clf=SVC(C=10,kernel='rbf')
>>> # 得到预测标签 y
>>> clf.fit(X_train,y_train)
>>> y_pre=clf.predict(X_val)
```

③将测试样本的真实标签和预测值保存在同一个数据框中，计算命中率 POD、虚警率 FAR 和临界成功指数 CSI。

```
>>> y_val_df=pd.DataFrame(np.array(y_val),columns=['y_val'])
>>> y_pre_df=pd.DataFrame(y_pre,columns=['y_pre'])
>>> xyy_df=pd.merge(y_val_df,y_pre_df,how='right',
…  left_index=True,right_index=True)
>>> #保存模型
>>> import joblib
>>> joblib.dump(clf,output_path+'TBSS_identification_algorithm.pkl')
```

```
>>> # 评估模型
>>> hit=len(xyy_df[xyy_df['y_pre']==1][xyy_df['y_val']==1])
>>> miss=len(xyy_df[xyy_df['y_pre']==0][xyy_df['y_val']==1])
>>> false_alarm=len(xyy_df[xyy_df['y_pre']==1][xyy_df['y_val']==0])
>>> correct_rejection=len(xyy_df[xyy_df['y_pre']==0][xyy_df['y_val']==0])
>>> print('hit:'+str(hit))
>>> print('miss:'+str(miss))
>>> print('false alarm:'+str(false_alarm))
>>> print('correct rejection:'+str(correct_rejection))
>>> # 命中率
>>> POD=hit/(hit+miss)
>>> # 虚警率
>>> FAR=false_alarm/(hit+false_alarm)
>>> # 临界成功指数
>>> CSI=hit/(hit+false_alarm+miss)
>>> print('命中率 :'+str(POD))
>>> print('虚警率 :'+str(FAR))
>>> print('临界成功指数 :'+str(CSI))
hit:72
miss:14
false alarm:62
correct rejection:52
命中率 :0.84
虚警率 :0.46
临界成功指数 :0.49
```

④上述结果是取 1 次自动识别结果，如果想考察每次测试的 POD、FAR、CSI 综合水平，可以将上述程序设定为自定义函数 TBSS_identification，输入 3 个空列表 POD、FAR 和 CSI，进行多次测试后得到 3 个列表。

```
>>> import matplotlib.pyplot as plt
>>> def TBSS_identification(POD,FAR,CSI):
>>>     origin_data=pd.read_excel('E:\\JSD_samples.xlsx')
>>>     X=origin_data.iloc[:,1:4]
>>>     y=origin_data.iloc[:,4]
>>>     X_train,X_val,y_train,y_val=train_test_split(X,y,test_size=0.2)
>>>     clf=SVC(C=10,kernel='rbf')
>>>     clf.fit(X_train,y_train)
```

```
>>>     y_pre=clf.predict(X_val)
>>>     y_val_df=pd.DataFrame(np.array(y_val),columns=['y_val'])
>>>     y_pre_df=pd.DataFrame(y_pre,columns=['y_pre'])
>>>     xyy_df=pd.merge(y_val_df,y_pre_df,how='right',
...             left_index=True,right_index=True)
>>>     hit=len(xyy_df[xyy_df['y_pre']==1][xyy_df['y_val']==1])
>>>     miss=len(xyy_df[xyy_df['y_pre']==0][xyy_df['y_val']==1])
>>>     false_alarm=len(xyy_df[xyy_df['y_pre']==1][xyy_df['y_val']==0])
>>>     correct_rejection=len(xyy_df[xyy_df['y_pre']==0]
...                                     [xyy_df['y_val']==0])
>>>     # 命中率
>>>     POD+=[hit/(hit+miss)]
>>>     # 虚警率
>>>     FAR+=[false_alarm/(hit+false_alarm)]
>>>     # 临界成功指数
>>>     CSI+=[hit/(hit+false_alarm+miss)]
>>>     return POD,FAR,CSI
```

⑤主程序：对 TBSS 自动识别算法进行 30 次训练与测试，并打印 POD、FAR 和 CSI 的平均值。

```
>>> #设置装载多次运行结果的空列表
>>> pod=[]
>>> far=[]
>>> csi=[]
>>> #进行 30 次训练与测试
>>> for i in range(30):
>>>     pod,far,csi=TBSS_identification(pod,far,csi)
>>> pod_mean,far_mean,csi_mean=np.mean(pod),np.mean(far),np.mean(csi)
>>> print(np.round(pod_mean,2),np.round(far_mean,2),np.round(csi_mean,2))
0.8 0.37 0.54
```

⑥将多次训练和测试得到的 POD、FAR、CSI 进行可视化（图 4.9）。

```
>>> fig=plt.figure(figsize=(8,6),dpi=900)
>>> plt.plot(range(30),pod,c='r',label='POD')
>>> plt.plot(range(30),far,c='k',label='FAR')
>>> plt.plot(range(30),csi,c='b',label='CSI')
>>> plt.legend()
```

```
>>> plt.xlabel('测试次数',fontproperties=myfont,fontsize=18)
>>> plt.ylabel('频率 /%',fontproperties=myfont,fontsize=18)
>>> plt.show()
```

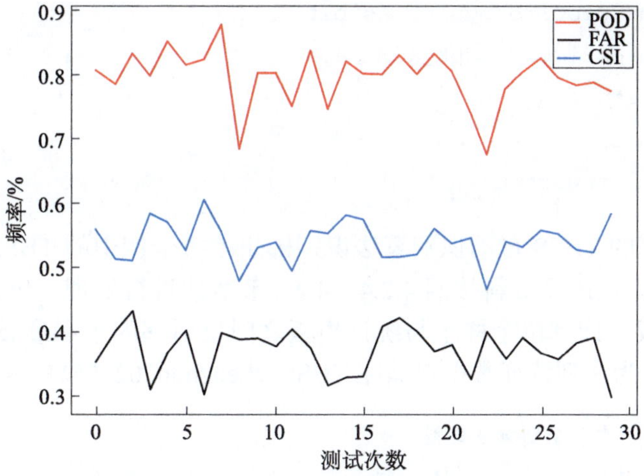

图 4.9　POD、FAR 和 CSI 历次实验情况

4.2.8　TBSS 自动识别算法的可移植性检验

4.2.8.1　技术路线

①将 TBSS 自动识别算法应用于 2021 年 5 月 11 日郴州冰雹个例，检验其可移植性。郴州冰雹个例数据资料不在 TBSS 自动识别算法建立时的训练与测试数据集中。

②郴州冰雹个例简介：2021 年 5 月 11 日，大冰雹袭击了湖南省新田、嘉禾和桂阳等县。世界时 06:30，这些地区遭受了严重的风雹天气。据报道，鸡蛋大小的冰雹对农作物和电线杆造成了较大破坏。灾情报告和新闻报道关于遭受冰雹袭击的具体乡镇包括：新田县新圩镇、新田县陶岭镇、新田县石羊镇、新田县三井镇、新田县新隆镇、嘉禾县石桥镇和桂阳县浩塘镇。

③由于郴州雷达是 S 波段雷达，近乎可以认为有 TBSS 即有雹暴。利用 TBSS 自动识别算法对郴州冰雹个例雷达产品进行识别，对比识别结果与灾情报告、新闻报道是否相吻合。

④由于郴州地区南部山地对雷达的低仰角扫描有较强的遮挡，因此本次识别的起始雷达产品仰角是 1.5°。

4.2.8.2　实现步骤

①导入所需要的扩展库：Pandas、Requests、Math，Requests 是一个用于发送 HTTP 请求的库。导入 Cartopy 库中的坐标参考系统 crs，导入 Matplotlib 库的 Pyplot 模块。从

Cnmaps 模块中导入 get_adm_maps 函数。Cnmaps 是一个用于获取中国地图数据的库，get_adm_maps 函数用于获取行政区划地图。

```
>>> import pandas as pd
>>> import cartopy.crs as ccrs
>>> import matplotlib.pyplot as plt
>>> from cnmaps import get_adm_maps
>>> import requests
>>> import math
>>> from math import pi
```

②利用已建立好的 TBSS 自动识别算法识别郴州冰雹个例中的 TBSS。前提是先将 2021 年 5 月 11 日郴州的雷达产品资料按照 4.2.4、4.2.6 节所述进行处理，包括建立 TBSS 可能出现区域的数字化模板，计算单个样本与统计模板之间反射率因子和形态分布的 JS 散度，并计算弱回波占比，作为 3 列特征数据存储在 TBSS_chenzhou20210511.xlsx 文件中。

```
>>> # 读取 TBSS 自动识别算法模型
>>> import joblib
>>> TBSS_IA=joblib.load('D:\\TBSS_identification_algorithm.pkl')
>>> # 读取郴州冰雹个例特征值
>>> CZ_data=pd.read_excel('D:\\TBSS_chenzhou20210511.xlsx')
>>> CZ_data=CZ_data.dropna()
>>> CZ_data=CZ_data.drop_duplicates(subset=['文件名',
...             'center_az','center_rng'])
>>> X_C=CZ_data.iloc[:,3:6]
>>> # 对 TBSS 进行识别
>>> chenzhoutbss_pre=TBSS_IA.predict(X_C)
>>> pre_df=pd.DataFrame(chenzhoutbss_pre,columns=['pretbss'])
>>> pCZ_data=pd.merge(CZ_data,pre_df,how='left',left_index=True,
...              right_index=True)
>>> preCZ=pCZ_data[pCZ_data['pretbss']==1]
>>> # 将识别结果进行保存
>>> nan_excel=pd.DataFrame(columns=[])
>>> nan_excel.to_excel('D:\\chenzhoutbsspre.xlsx')
>>> writer=pd.ExcelWriter('D:\\chenzhoutbsspre.xlsx')
>>> preCZ.to_excel(writer,sheet_name='chenzhoutbsspre',index=False)
>>> writer._save()
```

③对识别出的 TBSS 经纬度进行可视化。自定义函数 info_need_district，得到指定地区的地图信息。输入变量为城市名 city_name 和县名 district_names，输出为指定地区的边界经纬度信息。

```
>>> def info_need_district(city_name,district_names):
>>>     citymap=get_adm_maps(city=city_name,level='区县',
...              record='all',engine='geopandas')
>>>     need_map=pd.DataFrame(columns=[])
>>>     for dn in district_names:
>>>         dnmap=citymap[citymap['区/县']==dn]
>>>         need_map=need_map._append(dnmap)
>>>     return need_map
>>> info_need_district('郴州市',['嘉禾县','桂阳县'])
       国家       省/直辖市  ...  类型                    geometry
5  中华人民共和国    湖南省  ...  陆地  MULTIPOLYGON (((112.41514 25.43819,
112.40630 ...
2  中华人民共和国    湖南省  ...  陆地  MULTIPOLYGON (((112.38132 25.79220,
112.38020 ...
[2 rows x 8 columns]
```

④自定义函数 gaode，从高德地图开发平台请求到乡镇经纬度。输入乡镇名称 addr，输出乡镇的经纬度信息 location。这里的乡镇经纬度信息是一个点的信息，与上面得到的是边界的经纬度信息不同。

```
>>> def gaode(addr):
>>>       para={
>>>           #高德地图开放平台申请的key，需要用户自己注册申请
>>>           'key':'xxxxxxxxxxxxxxxxxx',
>>>           'address':addr #传入地址参数
>>>       }
>>>       #高德地图API接口
>>>       url='https://restapi.amap.com/v3/geocode/geo?'
>>>       req=requests.get(url,para)
>>>       req=req.json()
>>>       location=req['geocodes'][0]['location']
>>>       return location
```

⑤自定义函数 get_town_info，通过输入一组乡镇地名，在利用函数④的基础上，反馈一组乡镇地名相关的经纬度信息。

```
>>> def get_town_info(addrs):
>>>     addrdata={'名称':addrs}
>>>     hail_addrs=pd.DataFrame(addrdata)
>>>     hail_addrs['经纬度']=hail_addrs['名称'].apply(gaode)
```

```
>>>     hail_addrs['经度']=hail_addrs['经纬度'].str.split(',').str[0]
>>>     hail_addrs['纬度']=hail_addrs['经纬度'].str.split(',').str[1]
>>>     town_lons=[float(lon) for lon in hail_addrs['经度']]
>>>     town_lats=[float(lat) for lat in hail_addrs['纬度']]
>>>     return town_lons,town_lats
```

⑥自定义函数 get_TBSS_info，从已识别出的郴州冰雹个例 TBSS 信息表中得到 TBSS 的经纬度信息。输入变量为 TBSS 信息 excel 表的路径 tbss_path、郴州雷达站的经纬度 rad_lon 和 rad_lat。由于 TBSS 信息表中关于 TBSS 位置的信息采用了雷达极坐标系，因此在本函数中需要将极坐标系位置转换为经纬度信息，为后续可视化做铺垫。

```
>>> def get_TBSS_info(tbss_path,rad_lon,rad_lat):
>>>     TBSS_centers=pd.read_excel(tbss_path)
>>>     tbss_lons=[]
>>>     tbss_lats=[]
>>>     for az,rng in zip(TBSS_centers['center_az'],
...                       TBSS_centers['center_rng']):
>>>         #将雷达极坐标系位置信息转换为经纬度信息，az是方位角，rng是雷达径向距离
>>>         cenlon=rad_lon+rng*math.sin(az*2*pi/360)/111
>>>         cenlat=rad_lat+rng*math.cos(az*2*pi/360)/111
>>>         tbss_lons+=[cenlon]
>>>         tbss_lats+=[cenlat]
>>>     return tbss_lons,tbss_lats
```

⑦自定义函数 draw_TBSS_info，在指定县域的地图上绘制 TBSS 所在位置。输入变量为指定县域地图信息 dct、一组指定乡镇的经度 tn_lons、一组指定乡镇的纬度 tn_lats、乡镇名称 tn_names、TBSS 的经纬度 tb_lons 和 tb_lats，图像存储路径 savefigpath。

```
>>> def draw_TBSS_info(dct,tn_lons,tn_lats,tn_names,
...                    tb_lons,tb_lats,savefigpath):
>>>     fig=plt.figure(figsize=(28,20))
>>>     ax=fig.add_subplot(111,projection=ccrs.PlateCarree())
>>>     dct.boundary.plot()
>>>     plt.scatter(tn_lons,tn_lats,marker='o',color='k')
>>>     # 设置 x,y 轴的范围、刻度位置和标签
>>>     plt.xlim(112.0,113.0)
>>>     plt.ylim(25.4,26.3)
```

```
>>>     xticks=[112.0,112.2,112.4,112.6,112.8,113.0]
>>>     xlabels=['112.0° ','112.2° ','112.4° ','112.6° ',
...              '112.8° ','113.0° E']
>>>     yticks=[25.4,25.6,25.8,26.0,26.2]
>>>     ylabels=['25.4° ','25.6° ','25.8° ','26.0° ','26.2° N']
>>>     plt.xticks(xticks,xlabels,fontsize=10)
>>>     plt.yticks(yticks,ylabels,fontsize=10)
>>>     plt.savefig(savefigpath,dpi=600)
>>>     return
```

⑧主程序：确定好本次出现大冰雹的乡镇名称，获得县域地图信息，同时获取自动识别出的 TBSS 信息，最后进行可视化绘图（图 4.10）。

```
>>> # 确定本次出现大冰雹的乡镇，建议以“县 + 镇（乡）”的形式写
>>> town_names=['新田县新圩镇','新田县陶岭镇','新田县石羊镇','新田县三井镇',
...             '新田县新隆镇','嘉禾县石桥镇','桂阳县浩塘镇']
>>> town_names_e=['新圩','陶岭','石羊','三井','新隆','石桥','浩塘']
>>> # 获得乡镇的经纬度信息
>>> hail_town_lons,hail_town_lats=get_town_info(town_names)
>>> # 获取县域的地图信息
>>> district1=info_need_district('永州市',['新田县'])
>>> district2=info_need_district('郴州市',['嘉禾县','桂阳县'])
>>> districts=pd.concat([district1,district2])
>>> # 获取识别出的 TBSS 的位置信息
>>> hail_tbss_lons,hail_tbss_lats=get_TBSS_info(
...                          'D:\\chenzhoutbsspre.xlsx',
...                          112.975,25.734)
>>> # 对 TBSS 位置图进行可视化，首先设置全局字体为宋体
>>> import matplotlib as mpl
>>> mpl.rcParams['font.family']='SimSun'
>>> # 解决负号显示问题
>>> mpl.rcParams['axes.unicode_minus']=False
>>> draw_TBSS_info(districts,hail_town_lons,hail_town_lats,
...                town_names_e,hail_tbss_lons,
...                hail_tbss_lats,'D:\\图 4.10.jpg')
```

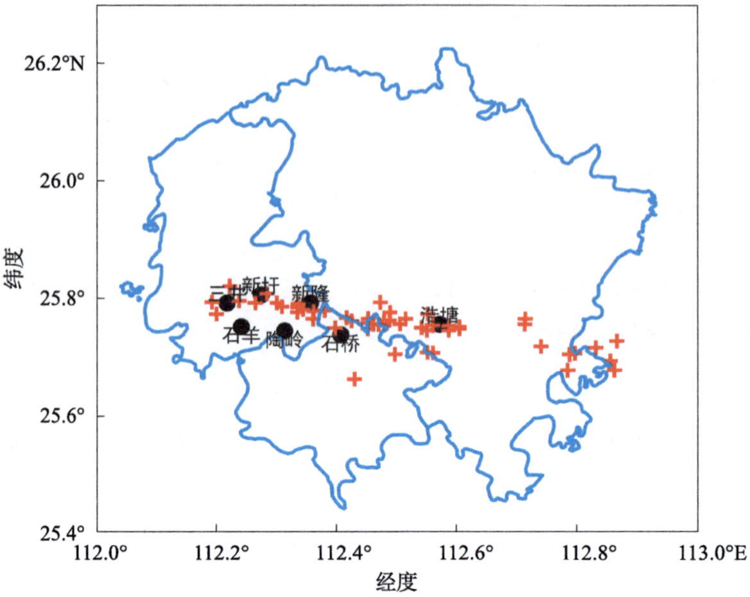

图 4.10　自动识别的 TBSS（红色十字符号）位置与冰雹出现乡镇（黑色实心点）比对

参考文献

郭艳，2010. 大冰雹指标 TBSS 在江西的应用研究 [J]. 气象，36(8): 40-46.

何炳伟，胡振菊，高伟，等，2018. 常德多普勒天气雷达强雹暴三体散射统计分析 [J]. 气象，44(3): 455-462.

胡明宝，2016. 气象雷达资料分析与应用 [M]. 北京：气象出版社 .

廖玉芳，俞小鼎，吴林林，等，2007. 强雹暴的雷达三体散射统计与个例分析 [J]. 高原气象，26(4): 812-820.

廖玉芳，俞小鼎，2010. 湖南强对流天气监测与预警 [M]. 长沙：湖南大学出版社 .

全国气象基本信息标准化技术委员会，2022. 天气雷达基数据和单站产品格式 :QX/T 653—2022[S]. 北京：气象出版社

孙继松，戴建华，何立富，等，2014. 强对流天气预报的基本原理与技术方法 [M]. 北京：气象出版社 .

王晓君，夏文梅，段鹤，等，2014. 三体散射长钉 (TBSS) 在 C 波段雷达中的应用研究 [J]. 气象，40(11): 1380-1388.

俞小鼎，姚秀萍，熊廷南，等，2006. 多普勒天气雷达原理与业务应用 [M]. 北京：气象出版社 .

张培昌，杜秉玉，戴铁丕，2001. 雷达气象学：第二版 [M]. 北京：气象出版社 .

中国气象局 . 全国天气雷达基数据标准格式实现单轨运行 . [EB/OL]. (2020-12-31)[2020-12-31]. https://www.cma.gov.cn/2011xwzx/ywfw/202012/t20201231_569463.html.

中国气象局 . 我国基本建成全球最大综合气象观测系 . [EB/OL]. (2022-9-14)[2022-9-14]. https://www.cma.gov.cn/ztbd/2022zt/20220929/2022092605/202209/t20220929_5113153.html

朱敏华，俞小鼎，夏峰，等，2006. 强烈雹暴三体散射的多普勒天气雷达分析 [J]. 应用气象学报，17(2): 215-223.

BONEH T,WEYMOUTH G T, NEWHAM P, et al, 2015. Fog forecasting for Melbourne Airport using a Bayesian decision network[J]. Weather and Forecasting,30(5) : 1218–1233.

CHANG C C, LIN C J, 2011.LIBSVM: A library for support vector machines[J]. ACM Trans Intell Syst Technol,2:1–27.

COVER T M, THOMAS J A, 2006.Elements of Information Theory. 2nd ed[M]. John Wiley and Sons, 748.

FUGLEDE B, TOPSOE F, 2004.Jensen-Shannon Divergence and Hilbert Space Embedding[M]. In Proceedings of the 2004 IEEE. International Symposium on Information Theory (ISIT 2004), 31, Doi: 10.1109/ISIT.2004.1365067.

HELMUS J J,COLLIS S M,2016. The Python ARM Radar Toolkit (Py-ART), a library for working with weather radar data in the Python programming language[J].Journal of Open Research Software,4(1):25. DOI: http://doi.org/10.5334/jors.119.

KECMAN V,2005.Support vector machines-an introduction[J]. Support Vector Machines: Theory and Applications,177:605–605.

KEERTHI S S, LIN C J, 2003. Asymptotic behaviors of support vector machines with Gaussian kernel[J]. Neural Comput, 15:1667–1689.

LEMON L R,1998.The radar "Three–Body Scatter Spike" : an operational Large–Hail signature[J]. Weather and Forecasting, 13:327–340.

LINDLEY T T, LEMON L R, 2007.Preliminary observations of weak Three–Body scatter spikes associated With Low–End severe hail[J]. E–Journal of Severe Storms Meteorology, 2:1–15.

MENG L, SANG Y W, TANG J, 2024. Automatic identification of Three–Body scatter spike based on Jensen–Shannon divergence and support vector machine[J].J Appl Meteor Climatol,63:981–996.

POWERS D M W,2011.Evaluation: from precision, recall and F–measure to ROC, informedness, markedness and correlation[J]. Jounal of Machine Learning Technologies, 2(1):2229–3981.

SCHAEFER J T,1990.The critical success index as an indicator of warning skill[J]. Weather and Forecasting, 5:570–575.

TSAI C A, CHANG Y J, 2023.Efficient selection of gaussian kernel SVM parameters for imbalanced data[J]. Genes (Basel), 14:583.

ZRNIĆ D S, 1987. Three–body scattering produces precipitation signature of special diagnostic value[J]. Radio Sci, 22(1): 76–86.